KB036991

가상과 현실이 만나다!

메타버스

좀 아는 10대

송해엽·정재민 글
방상호 그림

과학
쫌 아는
십 대
14

가상과 현실이 만나다!

메타버스
쫌 아는 10대

송해엽·정재민 글
방상호 그림

풀빛

메타버스가 궁금해?

메타버스가 화제야. 뉴스에도 유튜브에도 온통 메타버스 이야기지. 메타버스에서 게임을 하고, 공연을 하고, 오디션을 하고, 입학식이나 졸업식을 하고, 기업에서는 채용도 하고, 심지어 물건이나 땅을 팔아 돈까지 번다는데 도대체 무슨 이야기일까?

요즘은 메타버스를 모르면 대화에 끼지도 못할 정도야. 나만 모르는 건가 싶어서 슬쩍 걱정도 돼. 남들보다 정보나 지식에 뒤처지기 싫어서 기사도 읽어 보고 유튜브를 봐도 어렵기만 하고, 도무지 뭐라는 건지 이해하기가 힘들어. 가상현실, 증강현실, 블록체인, 인공지능, 머신러닝… 모르는 단어 투성인데, 메타버스는 또 대체 뭔가 싶기도 하고 말이야.

어렵게 느껴진다고 알아가길 쉽게 포기하진 마. "에구, 나는 모르겠어" 하고 포기해 버리면 나중에 후회할지도 몰라. 막상 알고 보면 엄청 재미있고 놀라운 기술이거든! 조금만 노력하면 메타버스를 즐기고 친구들 앞에서 자신 있게 설명할 수도 있을 거야.

이 책에서 우리는 메타버스의 정체부터 파헤쳐 보려고 해.

메타버스가 마을버스, 고속버스처럼 타는 '버스'는 아닐 텐데 왜 '메타버스'라고 부르는 건지, 어디에서 나온 말이고, 뭘 메타버스라고 하는지 정의부터 알아볼 거야. 메타버스가 새로 나온 만병통치약처럼 여기저기에서 주목받고 있는데, 정말 메타버스로 뭐든지 다 할 수 있는지도 살펴볼 거고 말이야. 가상현실, 증강현실, 거울 세계 같은 말들이 왜 메타버스와 함께 나오는 건지도 이유를 알아보려 해.

메타버스가 어떻게 작동하는지 그 바탕을 이루는 과학 기술과 사회적·심리적인 배경 설명을 읽으면 아마도 저절로 고개를 끄덕이게 될 거야. "아, 이런 기술 덕분에 메타버스가 가능한 거구나!", "인간의 이러한 심리와 사회적인 이유가 있어서 메타버스가 널리 퍼질 수밖에 없겠구나!" 하고 알게 되는 거지.

그 후에 본격적으로 메타버스가 바꿔 갈 세상에 대해서도 살펴볼 거야. 메타버스로 인해 인간의 체험이 어디까지 확장될 수 있는지, 학교와 공부, 놀이와 오락은 어떻게 변하고, 기업과 경제 체계에는 어떠한 영향을 미칠 것인지도 이야기할 거야.

메타버스를 더욱 다양한 분야에서 활용하기 위해 기업과 정부는 어떤 노력을 하고 있는지도 궁금할 테니 함께 살펴보

자. 나무와 꽃. 곤충과 새. 동물이 모여 숲 생태계를 이루듯.
메타버스라는 생태계에는 누가 존재하고, 각각의 역할은 무

엇인지도 알아봐야겠지? 이 모든 것을 이해하게 되면, 메타 버스라는 숲에서는 자유롭게 상상하고 도전하는 청소년이 가

장 빛나는 주인공이라는 것도 알게 될 거야.

 좋은 일이 있으면 나쁜 일이 있듯이, 메타버스로 인해 펼쳐질 멋진 미래는 새로운 기회일 수도 있지만 부작용을 낳기도 해. 이미 온라인 공간에서 문제가 되었던 중독, 과다 이용, 개인 정보 유출, 따돌림, 허위 정보(가짜 뉴스) 확산, 저작권 침해 같은 일들은 이용자가 주의를 기울이지 않는다면 심각한 사회 문제가 될지도 몰라. 대표적으로 최근에는 메타버스 성범죄에 관한 우려도 높아지고 있거든. VR, AR 기술과 장비의 발전 등으로 메타버스가 현실에 가까워질수록 성범죄 피해의 실재감도 현실과 유사해질 거라는 게 전문가들의 의견이야. 그럼 어떻게 하면 이런 부작용을 막으면서 건강하게 메타버스 세상에서 살아갈 수 있을지도 알아봐야겠지.

 메타버스는 시간과 공간의 한계에 갇혀 살아가던 인간에게서 무한한 세계를 열어 줄 수 있는 기술이야. 메타버스 세계 속에서는 모두가 창작자이고, 동시에 소비자야. 그 속에서 자연스럽게 새로운 경제와 사회가 탄생할 거고, 이미 그 미래는 우리 곁에 가까이 와 있어.

 이 책은 메타버스를 제대로 알고 즐기기 위해 떠나는 신나는 여행이 될 거야. 여러분이 이 책을 다 읽은 후에는 자신 있게 말할 수 있으면 좋겠어.

"메타버스 알고 싶은 사람 여기로 모여라! 내가 즐거운 여행이 되게 안내해 줄게."

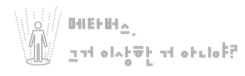

메타버스,
그거 이상한 거 아니야?

영지 오, 너 딱 걸렸어. 엄마한테 이를 거야.

영호 뭐, 내가 뭘 했다고 그래?

영지 동생아, 누나는 네 나이 때 안 그랬다. 공부는 안 하고 이
러고 노는 걸 엄마가 아시면 얼마나 슬퍼하시겠니?"

영호 이거 이상한 거 아니야! 요즘 얼마나 유행하는 건데, 알
지도 못하면서!

영지 누나가 특별히 이번만큼은 엄마한테 말 안 할 테까, 지
난번에 내가 선물해 준 기프트콘으로 치킨 좀 시켜 봐.

영호 우와, 선물로 줄 땐 언제고! 완전 못됐어!

게임을 좋아하는 동생을 둔 영지는 남동생이 헤드셋을 쓰
고 여자 캐릭터로 인터넷 개인방송을 하는 걸 보고 깜짝 놀랐
어. 공부는 안 하고 이상한 짓을 하는 건 아닌가 싶어서 혼내
려다가, 사춘기인 남동생이 윽박지르면 오히려 숨길까 봐 우
선 멈추게 하느라 치킨을 시키게 했지. 동생은 치킨을 먹으면
서도 엄마가 알게 되면 나중에 혼날까 봐 여러 번 이상한 건
아니라고 강조했어.

동생 말로는 VR 채팅이라고 했는데, 영지는 잘 몰라서 컴
퓨터를 잘 아는 친구 미래에게 동생이 무슨 게임을 하는 건지

물어봐야겠다고 생각했어. 그래서 치킨을 다 먹고 방으로 돌아와 전화를 걸었지.

영지 미래야, 내 동생이 VR 채팅이라는 걸 하고 있던데, 좀 이상한 것 같아. 너 혹시 무슨 게임인지 알아?

미래 아, 그거 사람들이 온라인 가상공간에 모여서 자기 캐릭터 가지고 대화하거나 여러 가지 체험해 보면서 노는 프로그램이야. 게임이라고 말하기는 그렇고, 채팅 비슷한 거야.

영지 근데 동생이 여자 캐릭터를 가지고 사람들하고 대화하는 거 있지. 부모님께 아직 말씀은 안 드렸는데, 사실 좀 걱정돼. 나쁜 길로 빠진 거 아닐까?

미래 글쎄, 내가 보기엔 별로 이상한 것 같진 않은데. 너, 메타버스라는 말 들어 본 적 있어? 뉴스나 광고에서 많이 나오잖아.

영지 메타버스? 그거 무슨 자동차 같은 거야? 지하철, 택시, 뭐 이런 거?

미래 하하하! 뭐라고? 야, 메타버스를 자동차냐고 묻다니! 메타버스가 요즘 얼마나 유행인데….

영지 메타버스가 뭔데? 온라인 도박이나 게임 중독처럼 나쁜 건 아닌 거지? 동생이 헤드셋 끼고 낄낄거리면서 이야기하는 걸 보니까 난 좀 이상하던걸.

미래 '로블록스'나 〈포트나이트〉 같은 건 들어 본 적 있어? 아무리 관심이 없어도 '롤'이라든가, 〈마인크래프트〉, 〈동물의 숲〉 게임은 알지? 우리 반 애들도 많이 하잖아. 거기 보면 캐릭터가 가상으로 만들어진 게임 공간에서 돌아다니면서 퀘스트도 하고, 펫도 키우고, 집도 꾸미거든. 학교 끝나고 여기저기 놀러 다니고, 친구 집에도 가고, 분식점에 떡볶이 먹으러 가는 것처럼 우리가 일상생활 속에서 하는 걸 가상공간에서도 비슷하게 체험해 볼 수 있는 걸 말하는 건데….

영지 온라인 게임 같은 건가? 그런데 게임에서 떡볶이를 먹어 봤자 맛도 못 느끼고 배도 안 부르잖아. 소꿉놀이 같은 거라는 거야?

미래 음… 나도 설명하긴 어렵네. 하여간 영호는 너보다 컴퓨터도 잘하니까, 새로운 걸 경험하고 싶었던 게 아닐까? 현실에서는 남자지만, 온라인에서 여자로 행동하면서 누나의 마음을 이해하고 싶었을지도 모르잖아?

영지 설마, 내 동생 영호가 그렇게 깊은 뜻이 있어 그랬을까 싶네. 아무래도 척척박사 삼촌의 지식이 필요할 것 같아. 너도 같이 가서 물어보자.

메타버스가
대체 뭐기에

애들아, 안녕! 메타버스가 궁금하구나. 시내버스, 마을버스, 고속버스는 타 봤지? 그럼 메타버스에 한번 올라 타 보지 않을래? 하하, 그렇다고 메타버스가 자동차를 이야기하는 건 아니야. 삼촌의 유쾌한 유머란다.

우선 메타버스가 무엇인지 그 뜻부터 알아볼까? 메타버스는 '가상' '초월'을 뜻하는 메타(Meta)와 '세상'을 뜻하는 유니버스(Universe)가 합쳐져서 만들어진 말이야. 그러니까 메타버스(Metaverse)라는 말은 이 세상을 초월한 또 하나의 세상을 의미해.

메타버스는 1992년에 닐 스티븐슨이 쓴 공상과학 소설《스노우 크래시》에서 처음 사용한 단어지. 이 소설에서는 메타버스가 바로 가상현실을 지칭하는 이름이야. 소설 속에서 사람들은 메타버스로 들어와서 살아가지. 거기서 자신을 표현하는 가상의 디지털 캐릭터인 아바타를 만들고, 제2의 삶을 살아가는 거야. 주인공은 현실에서는 피자를 배달하지만, 가상 공간에서는 천재적인 해커이자 검객이란다. 그런데 이 동네에 '스노우 크래시'라는 마약이 돌기 시작해. 가상현실 속에서 아바타가 마약을 먹으면 희한하게도 아바타의 주인인 현실 세계 속의 사람이 뇌에 치명적인 손상을 입는 거야. 그래서 주인공이 '스노우 크래시'의 실체와 배후를 추적해 나가는 흥미진진한 내용이지.

메타버스는 실제로는 존재하지 않는 가상현실의 공간이지만, 현실 세계랑 똑같이 꾸며져 있어. 학교, 식당, 가게, 공원도 있고, 길거리에 광고판도 있어. 게다가 실제 세계에서는 불가능한 시간과 공간의 이동도 가능해. 그래서 메타버스는 체험의 확장을 무한대로 제공할 수 있다는 가능성이 있지. 우리가 현실 세계에서 가족과 여행하고, 놀이공원에 가고, 친구들과 뛰노는 건 '직접 체험'이라고 해. 좋긴 한데, 시간이나 비용을 고려했을 때 갈 수 있는 곳이나 체험해 볼 수 있는 것이 한정되어 있어서 아쉬움이 생기지.

하지만 메타버스에서는 우주를 여행할 수도 있고, 달에 착륙해서 걷거나 춤을 출 수도 있어. 동굴 속을 탐험하고, 깊은 바닷속을 경험할 수도 있지. 비행기를 직접 조종하거나 사막에 내려서 낙타를 탈 수도 있어.

상상해 봐. 세계 7대 불가사의라는 피라미드 꼭대기에도 올라가 보고, 스핑크스의 코도 만져 보는 거야. 그야말로 체험의 끝판왕이야. "아는 만큼 보인다"라는 말을 들어 본 적 있니? 경험하는 것이 많아질수록 더 많이 알게 되고, 상상력도 풍부해지잖아. 메타버스는 시공간을 초월하는 다양한 경험을 할 수 있게 해 줘.

메타버스에 대한 설명을 읽어 보면 대부분 소설이나 영화의 예를 들면서 이야기할 거야. 하지만 '메타버스란 이거다!'라고 정확하게 정의하기가 쉽지 않아서 사람들이 혼란스러워하기도 해.

어떤 사람들은 메타버스를 게임이랑 같다고 생각하는데, 사실 좀 다른 부분이 있어. 게임이 곧 메타버스인 것은 아니야. 게임은 장르가 다양하지만 대부분 목적이 있고, 하나의 목적이 달성되면 다시 원래 위치로 돌아가게 되고, 참가자 숫자도 제한이 있잖아. 또 게임을 할 때는 기획자가 스토리텔링 해 놓은 대로 줄거리를 따라야 하지만, 메타버스는 그야말로 자유로운 창작을 할 수 있는 세계야. 그 안에서 이용자인 내가 원하는 대로 뭐든지 만들어 낼 수 있어. 그게 메타버스가 VR 영상이나 비디오 게임과는 다른, 특별한 점이지. 그래서 게임이 곧 메타버스가 아니라, 메타버스 속에 게임도 있다고 보면 돼. 소설 《스노우 크래시》에서 고글 같은 걸 끼고 있으니까 VR 헤드셋으로 하는 모든 것이 메타버스라고 생각하는데, 가상현실 기기는 메타버스를 체험하는 다양한 방식 중의 하나일 뿐이야. 스마트폰이 인터넷의 전부가 아닌 것처럼, VR 헤드셋이 메타버스는 아니라는 거지.

동생이 하던 VR 채팅은 헤드셋으로 단순히 360도 영상을 시청하는 형태도 아니고, 게임처럼 정해진 목표를 달성하기 위해 서로 경쟁하는 형태도 아니야. 하지만 메타버스의 한 가지 형태라고는 말할 수 있지. 실제보다 훨씬 자유로운 공간에서 사람들을 만나고, 현실 세계를 벗어나서 다양한 체험을 가능하게 해 줄 수 있는 게 메타버스거든.

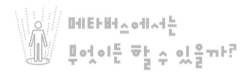

가상현실이 주제인 '넷플릭스' 드라마 시리즈 〈블랙 미러〉에는 이런 대사가 나와.

"실제로는 못하는 것도 여기서는 다 할 수 있어."

메타버스로 무한한 체험을 할 수 있다고 앞에서 삼촌이 말했었잖아. 북극 얼음 위에서 백곰이랑 콜라를 마시며 춤을 출 수도 있고, 다른 사람의 직업을 체험해 볼 수도 있어. 이 기술을 잘 활용하면 나중에 진로를 결정할 때 정말 이 직업이 내가 생각했던 게 맞는지 알아보는 방법이 될 수도 있겠지. 사실, 직접 해 보기 전까지는 나에게 맞는지 아닌지 모르는 거니까. 실패 없는 직업 선택이라니! 얼마나 좋은 방법이야!

가상현실의 중요한 특징 중의 하나가 바로 이러한 '시뮬레이션' 기술이야. 시뮬레이션이란 실제로 실행하기 어려운 실험을 실제와 비슷한 모형을 만들어서 가상으로 해 보는 것을 말하거든. 단순히 대상의 겉모습을 그대로 가져다가 만드는 걸 넘어서 작동 방식까지 비슷하게 구현하는 거지. 예를 들면, 현실 세계의 트랙터를 가상현실에서 만든다고 생각해 보자. 껍데기만 옮기는 게 아니라 현실 세계의 트랙터랑 똑같이

운전해서 움직일 수 있게 하는 거야. 그럼 가상현실에서 실제로 트랙터를 운전하는 것과 비슷한 경험을 해 볼 수 있겠지?

예전에 영지 아빠가 귀농해서 농사짓고 사는 게 소원이라고 했었어. 영지 엄마는 그럴 때마다 한숨을 쉬고 난리였지. 도시에서만 자란 사람이라서 농사가 얼마나 힘든 줄 모르고 하는 이야기라면서 반대했어. 그때 삼촌이 짠 하고 농사짓기 시뮬레이터 게임을 들이댔지. 정말 농사를 짓는 것처럼 여러 가지 농사를 체험해 볼 수 있는 게임이야. 영지 아빠가 이틀 정도 해 보더니 힘들어서 농사 못 짓겠다고 도망가더라. 하하, 시뮬레이션으로 직접 체험해 보니 '에구, 농사가 이렇게 힘든 거구나' 느낀 거지.

메타버스 속에서는 농사짓는 체험뿐만 아니라 성별을 바꿔 볼 수도 있어. VR 헤드셋을 쓰고 남자는 여자의 시점으로, 여

자는 남자의 시점으로 다른 성별이 되었을 때의 상황을 경험해 볼 수 있는 거지. 이런 게 바로 우리가 현실 세계에서는 절대 할 수 없지만, 가상현실을 통해 체험해 볼 수 있는 것 중 하나겠지. 영호에겐 여자로 해 본 VR 채팅이 분명 색다른 경험이었을 거야. 다른 성별로 또는 다른 사람의 관점으로 무언가를 보고 생각해 볼 기회를 얻은 거잖아.

이처럼 타인의 시선으로 바라보는 콘텐츠를 언론사에서 기사로 만들기도 했었어. 미국의 유명 일간지 〈뉴욕타임스〉가 '난민'이라는 제목의 영상을 만들어 소개했지. 기자는 전쟁으로 난민이 된 시리아 아이들의 이야기를 취재했어. 시리아라는 곳은 한국에서 너무 멀고 낯선 나라여서 그 나라의 난민 문제에 크게 관심이 없을 수도 있어. 하지만 고글을 끼고 '난민' 영상을 보면 마치 지금 그 현장에 있는 것처럼 눈으로 보고 귀로 들으면서 난민 아이들의 현실을 그대로 경험하게 되지. 글로만 읽을 때는 관심이 없어도 영상을 보고 나면 난민 문제에 좀 더 쉽게 공감할 수 있게 돼.

영국 신문 〈가디언〉에서는 '첫인상'이라고 제목을 붙인 VR 기사를 만들었어. 갓 태어난 아기의 시선으로 1년을 경험해 볼 수 있는 콘텐츠야. 궁금하면 QR 코드를 찍어서 이 기사를 체험해 봐.

 체험이 가지는 장점은 다른 사람의 시선에서 경험함으로써 그전에는 생각하지 못했던 다른 관점을 가질 수 있다는 점이야. 현실 세계에서 무언가를 직접 체험하기에는 제약이 커. 가령, 세계의 오지를 탐험해 보고 싶어도 비용이 너무 비싸거나 안전에 위험이 생길 수 있어. 청소년들은 실제로 체험하는 게 불가능하거나, 준비하고 실행하기까지 시간이 오래 걸릴 거야. 하지만 메타버스 세상에서는 그런 제한적인 조건 없이 모두 안전하게 체험해 볼 수 있으니 얼마나 매력적이야.

게다가 메타버스의 가상 체험은 다른 사람의 처지에서 세상을 바라볼 수 있게 해 준다는 매력이 있어. 그전에는 이해하지 못했던 일에도 고개를 끄덕이며 '내가 잘 몰랐구나!' 또는 '내가 잘못 생각했구나!' 깨닫게 해 주고, 때론 반성할 수도 있게 만들지.

메타버스에서 사람들을 만나서 이야기를 나누고, 취미생활을 같이 하고, 무언가 재미있는 일을 만들어 내는 것도 큰 장점이지만, 메타버스에 주목하는 가장 큰 이유는 '체험의 확장'이야. 결국 메타버스에서 다양한 경험을 하는 것이 더 좋은 세상을 만드는 데 도움이 될 거라고 믿어.

메타버스, 나도 올라타야 하는 거야?

메타버스에 왜 관심을 가져야 할까? 메타버스라는 말은 앞에서 이야기한 《스노우 크래시》에서 처음 등장했지만, 사실 이미 있었던 개념이야. 2003년에 인터넷 PC 기반의 '세컨드 라이프'라는 가상 세계가 있었거든. 지금 우리가 알아가고 있는 메타버스처럼, 그 안에서 물건도 사고팔고, 건물도 소유하고, 현실에서 하지 못한 일을 하면서 두 번째 인생을 살 수 있었어. 처음 등장했을 당시에 엄청난 주목을 받았지. 하지만 스마트폰과 태블릿PC가 등장하고 모바일 시대가 되면서, 사람들이 점점 떠나고 서서히 인기를 잃게 되었어.

그런데 이러한 기술이 최근 몇 년 사이에 새롭게 '메타버스'라는 이름으로 부활하고 주목을 받게 된 건 왜일까? 모바일과 컴퓨터 기술이 발달하면서 그래픽을 더 실제처럼 정교하게 만들어 낼 수 있게 된 게 가장 큰 이유야. 또한 통신 기술의 발전도 힘을 실어 주었지. 속도가 빠른 차가 막히지 않고 달리려면 차선이 많은 고속도로가 필요하잖아. 그런 것처럼 컴퓨터 그래픽을 고도화하면 데이터가 많이 들어가고, 그걸 빠른 속도로 전송하려면 통신망이 갖춰져야 해. 5G라는 통신

망이 확보된 것도 메타버스를 가능하게 한 일등공신이지.

통신과 컴퓨터 그래픽의 발달 이외에도 또 하나의 결정적인 이유가 있어. 바로, 코로나19의 등장 때문이야. 기술적인 조건도 점차 충족되었지만, 온라인과 오프라인이 혼합되어야만 하는 상황이 발생한 거지. 현실에서 사람들이 모이기 어려워지니까 비대면으로 만나서 활동할 방법이 필요했던 거야. 코로나19가 한참 유행이던 상황에서 메타버스가 어떻게 활용됐었는지 살펴볼게.

매년 어린이날이면 청와대에 어린이들을 초대해서 기념행사를 하거든. 그렇지만 코로나19가 한참 극성이던 2020년에는 청와대에 여러 명의 어린이가 모일 수 없으니까 '마인크래프트'●로 초대한 거야. 예전에는 제한된 소수의 인원밖에 초대하지 못했지만 가상공간엔 전국의 어린이가 다 초대된 셈이지. 어린이들이 좋아하는 유튜버인 도티, 최케빈, 탁주, 찬이 등도 같이 어울렸어.

블랙핑크는 네이버에서 만든 메타버스 플랫폼인 '제페토'에서 3D 아바타로 등장해 팬 사인회를 했어. 실물도 아닌 아

....

● 12세 이상 이용이 가능한 샌드박스 건설 게임으로, 삼차원 세상에서 다양한 블록을 놓고 부수면서 여러 구조물과 작품을 만들 수 있어. 싱글 플레이와 멀티 플레이를 지원하는 프로그램이야.

바타를 만나러 보름 동안 팬 사인회에 모인 사람이 자그마치
4600만 명이었대. BTS(방탄소년단)는 메타버스 게임 〈포트나
이트〉에서 신곡 〈다이너마이트〉 뮤직비디오를 세계 최초로
공개했고, 전 세계에서 270만 명이 모여서 동시에 지켜봤어.
현실에서라면 어떻게 블랙핑크가 4600만 명에게 사인을 해
주고, BTS가 그렇게나 많은 사람을 어떻게 한자리에 모아 두

고 공연할 수 있겠니?

코로나19가 처음 등장해서 심각했을 땐 입학식과 졸업식도 못했잖아. 그래서 나중엔 많은 대학이 메타버스로 입학식과 졸업식을 진행했어. 삼촌이 근무하는 학교에서는 총장님이랑 회의도 메타버스로 했었어. 기업들도 메타버스를 이용해서 취업 설명회를 열고, 직원 연수도 하고, 새로 나온 차를 홍보하는 시승 체험도 제공했지.

메타버스라면 어디든지 가고 뭐든 할 수 있는 세상으로 변하고 있어. 결국, 메타버스는 현실 세계를 넘어서는 또 다른 공간인 거야. 마블 영화 시리즈를 두고 '마블 영화 세계(MCU: Marvel Cinematic Universe)'라는 표현을 쓰는 걸 들어 봤을 거야. 마블의 세계에서는 아이언맨, 헐크, 토르, 스파이더맨, 앤트맨, 와스프, 캡틴 아메리카, 블랙 팬서, 블랙 위도우 등등 다양한 캐릭터가 등장해. 세계관이 큰 만큼 등장인물의 숫자도 어마어마하지. 메타버스라는 새로운 세상은 마블의 세계보다 더 크고 넓어. 마블의 세계는 우리가 영화나 드라마로만 보는 거지만, 메타버스는 우리가 살아가는 현실 세계처럼 사람들과 만나고 체험할 수도 있어.

또 하나의 세상. 그게 바로 메타버스야.

영지 와, 메타버스 설명을 들으니까 신기해요. 뭔가 새로운 세상이 기대되고요.

삼촌 그러니? 영지가 신기해하고 호기심을 보인 것만으로도 삼촌은 뿌듯한걸.

영지 메타버스란 현실 세계에서 못하는 일도 해 볼 수 있는 새로운 세상이라는 걸 알긴 하겠는데, 아직 조금 헷갈리긴 해요.

삼촌 맞아, 영지가 헷갈린다고 말하는 게 솔직한 대답이야. 메타버스라는 말이 뉴스에도 자주 나오고, 대학이나 기업도 메타버스를 활용하고, 정부에서도 메타버스를 육성하겠다고 하지. 하지만 전문가들도 아직은 "메타버스는 이거다"라고 정확하게 말하지는 못해. 왜냐하면 메타버스가 진화해 가는 생명체와 같아서야. 아기가 태어나서 자라는 것처럼 메타버스라는 세상도 변해 가는 중인 거지. 인터넷이나 스마트폰도 처음 나왔을 땐 지금보다 기능도 적고, 속도도 느렸거든. 새로 등장한 기술이 앞으로 어떻게 진화할지는 얼마나 많은 사람이 이용하고, 얼마나 많은 기업이 투자하는지에 달렸어. 또한 코로나19처럼 예상하지 못한 환경 변화도 메타버스의 발전에 영향을 미치게 될 거야.

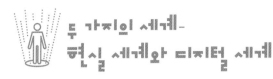

두 가지의 세계-
현실 세계와 디지털 세계

메타버스는 과거에 공상과학 소설에서나 보았던 모습이 점차 현실로 바뀌고 있는 과정에서 생겨난 말이야. 그래서 메타버스가 어떤 모습으로 발전할지에 대한 사람들의 생각도 다양하지.

메타버스가 어떻게 진화하고, 어떤 방식으로 실현되고 있는지를 몇 가지로 구분해서 설명해 보면 이해하는 데 도움이 될 것 같아. 먼저, 한 가지 물어볼게. 영지랑 미래는 우리가 사는 세계가 하나가 아니라는 것을 혹시 알고 있니? 너무 자연스러워서 그동안 잘 느끼지 못하고 있었겠지만, 현실 세계 말고 디지털 세계라는 게 있어.

예전에는 지하철을 타면 신문을 보거나 책을 읽는 사람들이 많았는데, 요즘은 어떠니? 대부분의 사람이 이어폰을 끼고 스마트폰을 보고 있지. 그 상황을 생각해 보렴. 사람들의 몸은 지하철이라는 공간에 있지만, 정신은 디지털 세상 어딘가를 돌아다니는 거야. 재미있는 영상을 보거나, 친구와 톡이나 문자로 이야기를 하거나, 웹툰이나 웹 소설을 읽으면서 말이야. 몸은 현실의 물질 세계에 있지만, 정신은 디지털 세계에서 활동하고 있어.

왜 인간은 또 다른 세계를 즐기는 걸까? 인간은 오래 전부터 우리가 사는 지구를 탐험해 왔단다. 과거에는 알 수 없는, 즉 미지의 세계를 탐험한다는 낭만이 있었지. 원피스를 찾아 동료와 여행을 떠나는 루피*처럼 말이야. 지금은 어떨까? 이미 지구에 있는 장소 중에서 인간의 발길이 닿지 않은 곳이 거의 없단다. 동료와 미지의 세계를 탐험한다는 즐거움이 사라지자, 언젠가부터 또 다른 새로운 세계를 탐험하게 된 거야. 그게 아까 말했던 디지털 세계란다.

우리는 현재 디지털 세계에서 많은 시간을 보내고 있어. 이때 과거에 있었던 세상이 없어지고 새로운 세상이 생겨나는 게 아니라, 디지털 세계와 현실 세계의 접점이 넓어지는 거야. 현실 세계가 디지털 기술을 만나서 강화되고 확대되는 거지. 대표적인 게 온라인으로 강의를 듣고, 회의를 하고, 이벤트를 여는 거야. 이런 종류는 현실 세계에 있던 것들이 디지털 세계로 들어가면서 확장된 경우들이지.

반대로, 원래 처음부터 디지털 세계에서 시작한 게 있어.

....

● 만화 〈원피스〉에 나오는 주인공 소년의 이름이야. 미래의 해적왕을 꿈꾸며 동지들을 모으기 위해 항해를 떠나지.

너희들에게 익숙한 게임이 그렇지. 가령, PC나 모바일로 게임을 하다가 증강현실이나 가상현실 게임으로 발전하고, 아이템을 판매하는 경제 행위가 현실에서 물건을 사듯이 이루어지는 것들이 그렇지. 이렇게 현실 세계가 디지털 세계 쪽으로 오는 방향이 있고, 디지털 세계가 커져서 현실 세계에 영향을 미치는 방향도 있는 거야.

현실 세계와 디지털 세계가 합쳐진다는 의미에서 혼합 현실이라는 게 있어. 새로운 체험을 할 수 있는 시공간이 열리기 때문에 확장 현실이라고 볼 수 있는데, 결국 우리는 메타버스라는 이름으로 널리 알려진 바로 그 세계로 가고 있는 거야. 지금 우리가 이메일이나 인터넷을 쓰는 게 전기나 수돗물을 쓰는 것처럼 일상이 되었잖아. 메타버스도 현실 세계와 가상 세계의 구분 없이 자연스럽게 우리의 삶이 될 거야.

구글의 최고경영자였던 에릭 슈밋(Eric Emerson Schmidt)은 "인터넷이 사라질 것"이라고 말한 적이 있었어. 무슨 뜻으로 한 말일까? 인터넷이 모두 사라지고, 이메일 대신 손으로 쓴 편지만 배달되던 시대로 다시 돌아간다는 뜻이었을까? 아니야. 이제는 온라인과 오프라인이라는 구분이 의미가 없을 정도로 하나의 합쳐진 세상이 만들어지고 있다고 본 거야. 메타버스는 이런 흐름 속에서 등장한 거라고 볼 수 있어. 아직 실

제로 어떤 모습인지 불분명하지만, 목표로 하는 점은 명확하
단다. 과거에는 우리가 살고 있던 현실 세계와 디지털로 만들
어진 가상 세계가 있었다면, 이 두 가지 세상이 하나로 합쳐
지게 될 거라는 거지. 바로 메타버스에서 말이야!

메타버스의 네 가지 모습

영지 그러니까 메타버스는 온라인과 오프라인의 구분이 점차
사라져서 합쳐지는 세계를 목표로 하는 거군요. 하지만
잘 이해가 되지는 않아요. 어떻게 온라인과 오프라인의
구분이 사라질 수 있나요?

우리는 지금도 온라인에서 여러 가지 활동을 하고 있단다.
소셜 미디어를 통해 다른 사람과 이야기하고, 일이나 공부를
위해 자료를 공유하고, 온라인 쇼핑몰에서 물건을 구매하거
나, 온라인 수업을 들으면서 공부하지. 실제로 이미 온라인에
서 수많은 일을 하고 있어. 지금 인터넷에서 하는 많은 활동
이 메타버스의 삼차원 공간으로 옮겨갈 수 있다고 보는 거야.
하지만 메타버스가 지금 웹 사이트를 통해서 우리가 하는 모

가상현실
컴퓨터로 만들어 놓은
새로운 디지털 공간
예) VR 체험

증강현실
현실 세계에 3차원 가상 이미지를
겹쳐 보여 주는 기술
예) 포켓몬 GO

메타버스

거울 세계
실제 세계를 가상의 공간에
그대로 옮겨 놓은 세계
예) 구글어스

일상 기록
사람과 사물에 대한 일상 정보를
인터넷 또는 스마트기기에 기록
예) 인스타그램

미국 미래가속화 연구재단(ASF) 자료 참고

든 일을 삼차원 공간에서 하게 된다는 뜻은 아니야. 가상공간
이 우리 현실 세계의 많은 부분과 점점 밀접한 관계를 맺으며
떨어질 수 없는 사이가 되는 거라고 보면 돼. 그래서 메타버
스를 이해하기 위해서는 어떤 방식의 연결이 가능할지를 고
민해 보는 게 좋아.

영지가 궁금해 하는 온라인과 오프라인이 연결되는 방식에
대해 전문가들은 몇 가지 시나리오를 제시했어. 일상 기록,
증강현실, 거울 세계, 가상현실의 네 가지야.

일상 기록

일상 기록은 사물과 사람에 대한 일상적인 정보를 저장하는 기술이야. 이용자가 일상생활에서 일어나는 모든 순간을 글, 영상, 소리로 기록해서 저장하고 다른 사람들과 공유하는 거지.

인스타그램을 사용해 본 적 있지? 친구들이랑 멋진 곳에 놀러 가서 찍은 사진이나 동영상을 올리고 그날 있었던 일을 일기처럼 기록하잖아? 일상 기록의 메타버스란 현실에 있던 일을 디지털 가상공간에 기록하면서 현실 세계와 가상공간이 점차 가까워지는 것을 이야기해.

사람들은 왜 디지털 공간에 자신의 기록을 남기고 싶어 하
는 걸까? 기본적으로는 우리가 다른 사람과 연결되고 싶어

하기 때문이야. 생일 파티를 사진으로 찍어 기록으로 남기고 공유하면서 다른 사람의 축하를 받기도 하고, 힘들고 어려운 일이 있을 땐 현재 상태를 알려서 다른 사람에게서 위로와 격려를 받고 싶어 하지.

일상 기록의 세계는 기록을 도와주는 기술이 발달하면 점차 현실 세계의 모든 활동을 디지털 공간에 저장하는 방향으로 나아가게 될 거야. 예를 들면, 애플워치와 같은 기기는 시간을 알려 주기도 하고, 움직임이나 위치 정보를 바탕으로 하루에 얼마만큼 운동했는지를 기록으로 남겨 주지. 센서가 부착된 신발이나 운동복을 스마트폰과 연동시켜서 달린 거리, 소비된 칼로리, 달리며 들은 음악 정보를 저장하고 공유하는 행위도 일상 기록의 한 예야.

아프리카TV나 유튜브 라이브 방송은 어떨까? 우리가 일상에서 겪는 일을 영상으로 기록하고 남기는 일을 하고 있어. 이런 기술의 발달은 삶의 경험을 디지털 공간에 기록하고 공유하는 걸 도와주게 될 거야. 이렇게 취합된 일상의 스토리는 자연스럽게 증강현실에 대한 시나리오와 연결될 수 있어.

증강현실(AR)

미래 일상 기록은 소셜 미디어에 우리가 일상을 기록하는 것처럼 삶의 많은 부분이 디지털 가상공간에 저장되는 걸 말하는 거군요. 그럼 증강현실은 무엇이고, 어떻게 일상 기록과 연결되나요?

증강현실은 물리적인 현실 세계에 가상 정보를 덧붙이는 걸 이야기하는 거야. 현실 공간에 2D 또는 3D로 표현한 가상의 물체를 겹쳐 보이게 하는 기술이지. 가상 세계에 관한 사람들의 거부감을 줄이고, 몰입감을 높일 수 있어.

쉽게 이해하도록 예를 들면, 아빠가 주차하려고 후진할 때 본 적 있을 거야. 후방카메라에 찍힌 주차장 바닥면과 가상으로 표시된 주차 안내선이 네비게이션 화면에 나오는데, 이게 바로 증강현실 기술이야.

〈포켓몬 GO〉라는 게임을 해 본 적 있니? 스마트폰 카메라로 공원이나 길거리를 비춰 보면 가상의 포켓몬이 현실 세계에 등장하잖아. 또한 수업 시간에 나비를 주제로 공부할 때 스마트폰을 대면 교실에 나비가 날아다니는 걸 볼 수 있는 것도 같은 원리야. 그리스의 유적지에 가면 신전이 모두 무너

증강현실을 이용해 다양한 체험을 해 볼 수 있는 박물관. 이용자에게 필요한 정보를 디지털 가상공간의 정보와 연결해 준다. (출처: 위키미디어 커먼스)

지고 기둥만 남아 있는 곳이 많은데, 스마트폰 카메라로 현재 남아 있는 기둥을 찍으면 과거 신전의 원형이 가상으로 중첩되어 오래전 이곳에 서 있던 완전한 신전의 모습이 보여. 이런 것들이 증강현실의 예라고 할 수 있지. 이렇게 현실 세계와 가상공간이 연결되는 거지.

증강현실 기술이 발전하면 어떤 기능을 하게 될까? 증강현실 안경이라는 게 있다고 한번 생각해 보렴. 원하는 장소를 찾아가야 하는 상황에서 증강현실 안경을 끼고 있으면 마치 자동차 네비게이션을 보듯이 어떤 길로 찾아가야 하는지를 상세하게 안내받을 수 있을 거야. 만약 지하철을 이용한다고 생각해 보자. 현실 공간에서는 정보를 보여 줄 수 있는 공간이 한계가 있잖아. 지하철에 안내도를 붙일 수 있는 자리가 많지 않으니까. 이럴 때 증강현실을 활용하면 이용자에게 필요한 정보를 디지털 가상공간의 정보와 연결해서 알려줄 수 있지. 즉, 증강현실 기술은 현실 세계를 무한히 확장하는 가능성을 제공한단다.

증강현실은 일상 기록의 메타버스와 연결해서 활용할 수도 있어. 내가 3년 전에 찾아왔었던 맛집이 어딘지 정확히 기억나지 않더라도 얼마나 맛있게 먹었는지, 어떤 메뉴가 있는지에 대해 남긴 기록을 바탕으로 근처 어디에 내가 갔던 맛집이 있는지 찾아줄 수 있을 거야. 또한 내가 아침마다 달리기하던 길을 안내해 줄 때도 도로가 보수공사 중이라면 위험 정보를 표시해 알려 줄 수도 있겠지?

거울 세계

영지 증강현실은 현실 세계에 디지털 세계에 있는 정보가 합쳐진다는 건 이해했어요. 그러면 거울 세계는 뭐예요?

거울 세계는 현실에 있는 세계를 그대로 가상으로 옮겨 놓은 것으로 생각하면 된단다. 〈마인크래프트〉를 보면 자유롭게 가상의 건축물을 만들기도 하지만 불국사, 경복궁, 에펠탑이 현실 세계의 모습 그대로 만들어져 있어. 현실 세계를 마치 거울에 비춘 것처럼 그대로 가상으로 가져온 거야.

구글이 제공하는 전 세계 위성 영상 서비스인 '구글어스(Google Earth)'도 지구상의 건물과 지형을 삼차원으로 디지털 공간에 옮겨 놓은 거란다. 세계 전역의 위성 사진을 모조리 수집해서 일정 주기로 사진을 업데이트하면서 시시각각 변화하는 현실 세계의 모습을 그대로 반영하는 거지. 기술이 발전할수록 거울 세계는 현실 세계의 모습에 근접하게 될 거고, 몰입도를 최대한으로 높여 줄 거야. 이렇게 현실과 가상이 이어질 수 있으니까 거울 세계도 메타버스라고 부르는 거지.

거울 세계를 활용하면 좋은 점이 여러 가지로 많아. 삼촌이 예로 들었던 농사짓는 게임 생각나니? 현실 세계를 그대로 복사해서 옮겨두면 현실에서는 위험해서 할 수 없는 실험도 가능하게 돼. 또한 새로운 발명품을 만들고 어떤 결과가 나올지 미리 테스트해 볼 수도 있겠지.

어쩌면 우리가 일상 기록에서 이야기했던 부분들, 예를 들어 의식주와 관련된 정보와 취향, 소비 패턴 등이 거울 세계와 결합한다면 훨씬 더 많은 일을 계획하고 실행할 수 있을지도 몰라. 실제 사람들이 어떤 행동을 하는지에 대한 정보를 바탕으로 새로운 도시 계획을 세우거나, 버스 노선을 새로 만들거나 또는 변경한다거나, 공해나 환경 문제를 어떻게 해결할지 등의 방법을 찾을 수 있을 거야.

가상현실

미래 메타버스는 게임처럼 이용하는 개인만 재미있고 새로운 경험을 하는 게 아니라, 사회적으로도 유용하게 쓰일 수 있는 걸 알게 됐어요. 그럼 이제 하나 남았네요. 가상현실도 설명해 주세요.

가상현실은 메타버스에 관해 이야기할 때 가장 주목하는 부분이야. 가상 세계는 현실과 다른 공간을 만들어 그 안에서 살아가는 것을 이야기하지. 우리는 가상 세계의 여러 장소를 돌아다니고, 가상 세계에서 만난 사람과 친구가 되기도 하고, 다른 사람과 어떤 목표를 달성하기 위해 함께 일할 수도 있어. 여기에서도 현실과 가상이 연결되기 때문에 가상공간을 메타버스로 볼 수 있지.

가상 세계가 어렵게 느껴진다면, 우리가 흔하게 즐기는 온
라인 게임을 생각해 보면 돼. 온라인 게임에서는 가상공간에

서 나를 표현하는 캐릭터인 아바타를 조정해서 다양한 일을

할 수 있지. 온라인 게임은 메타버스에 포함되기는 하지만,

그렇다고 온라인 게임이 메타버스를 뜻하는 건 아니라고 했던 것 기억하지? 메타버스에서는 가상 게임만 하는 게 아니라 현실 세계에서 하는 경제적·사회적 활동을 하게 될 거야. 아빠는 지금 매일 회사로 출근하시잖아. 만약에 가상 세계로 출근해서 일하게 된다면 어떨까? 그러면 아빠가 직장까지 굳이 가지 않아도 되니 편하지 않을까? 저 멀리 영국이나 브라질에 사는 사람과도 함께 일하는 게 엄청나게 편리해질지도 몰라.

물론 처음엔 이러한 환경이 조금은 어색할 수도 있어. 코로나19의 확산으로 비대면 온라인 수업을 했을 때 집중도가 떨어지고 그래서 딴짓 하는 경우가 많다는 이야기도 나왔었으니까. 하지만 이러한 환경에 점점 익숙해지고, 기술이 발전되면 가상공간이지만 엄청나게 몰입하고 현실처럼 느껴지게 될 수도 있어. 예를 들면, 〈레디 플레이어 원〉이라는 영화에도 그런 게 나오지. 영화는 '오아시스'라는 가상 게임이 있는 2045년 미래 시대를 배경으로 하고 있어. '오아시스'를 맨 처음으로 만든 개발자 제임스 할리데이는 오아시스에 엄청난 보물을 숨겨 놓고 죽었는데, 가상 게임을 플레이하는 사람들이 이를 찾기 위해 모험을 떠나는 이야기지.

영화에서는 VR 헤드셋을 끼고 촉감을 느낄 수 있는 옷을 입고 현실보다 더 현실 같은 가상 세계를 탐험하는 내용을 그리고 있어. 영화에서처럼 가상공간이 실제처럼 느껴질 정도로 기술이 발전하면 현실 세계보다 더 넓은 경험의 세계를 제공하게 될 거야. 단순히 노는 공간을 넘어 업무도 하고, 수업도 듣고, 쇼핑도 하고, 데이트를 하게 될지도 모르지. 현실 세계가 공간이 제한된 것과는 다르게 무한히 확장될 수 있는 세계가 가상 세계니까.

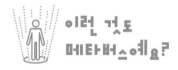

이런 것도 메타버스예요?

영지 네 가지 종류의 메타버스는 서로 연결되는 것 같아요. 공통적으로는 두 가지 세계, 즉 현실 세계와 디지털 세계를 연결하려는 노력인 것 같거든요. 그런데 자꾸 질문만 해서 죄송하지만 또 궁금한 게 있어요.

삼촌 질문하는 건 좋은 거란다. 질문해야 답을 찾을 수 있으니까. 또 뭐가 궁금하니?

영지 학교에서 하는 온라인 수업도, 그리고 음식을 시켜 먹을 때 쓰는 배달 앱도 메타버스라고 볼 수 있나요? 블랙핑크의 온라인 팬 사인회는 메타버스가 맞는 거죠?

아주 좋은 질문이야. 먼저, 온라인 수업은 메타버스일까? 온라인 수업을 단순히 영상 통화라고 생각할 수도 있지만, 엄밀히 말하면 현실에 있는 사람들을 똑같이 복사해서 디지털 공간에 가져다 놓는 거라고 볼 수 있지. 사람들이 물리적인 공간의 제약을 받지 않고 서로 연결되어 소통할 수 있게 만들어 주는 거니까, 이것 역시도 현실 세계와 가상공간이 결합하는 거라고 볼 수 있어. 그런 의미에서 온라인 수업도 당연히 메타버스라고 말할 수 있지.

배달 앱은 어떨까? 배달 앱에는 현실 세계에 있는 많은 식당이 디지털 공간에 그대로 들어가 있는 거라고 할 수 있어. 그런 의미에서 거울 세계라고도 볼 수 있을 거야. 그런데 배달 앱을 보면 사람들이 후기를 남기고 별점을 주기도 하지. 별점은 어떤 식당에서 배달해다 먹을지 결정하는 데 중요한 역할을 하지만 현실 세계에는 없는 정보란다. 일상 기록의 세계에서 남겨지고 디지털 공간에서 추가로 보여지는 확장된 정보라고 할 수 있어. 그래서 배달 앱도 역시 메타버스라고 말할 수 있는 거지.

블랙핑크의 팬 사인회는 네이버 제페토*에서 했더구나. 삼촌이 좋아하는 BTS도 〈포트나이트〉라는 게임에서 콘서트를 했어. 제페토나 〈포트나이트〉는 대표적인 메타버스의 사례로 이야기하는 것들이란다. 가상으로 만들어진 공간이고, 이용자들은 자기 자신을 대표하는 아바타를 조정해서 다른 사람과 온라인에서 소통하고, 다양한 놀이를 즐길 수 있지. 우리가 메타버스를 현실 세계와 디지털 세계가 결합하는 것으로 본다면 방금 이야기한 것들 모두 메타버스라고 부를 수 있어.

그렇다고 아무거나 다 메타버스라고 할 수는 없지. 메타버스가 아닌 걸 이야기해 볼까? VR 헤드셋이라든지 증강현실 안경과 같은 도구는 메타버스라고 할 수 없어. 메타버스를 위해 사용하는 도구이지만 도구 자체가 곧 메타버스는 아니니까 말이야. 게임도 가상현실 일부일 수 있지만 모든 게임이 메타버스가 되는 건 아니겠지? 혼자서 정해진 시나리오를 따라가는 게임은 아무리 아바타가 등장하고 그래픽이 화려하더라도 메타버스라고 이야기하기는 어려워. 현실 세계와 가상 세계가 하나로 이어지는 새로운 경험이 바로 메타버스란다.

....
• 네이버제트가 운영하는 증강현실 아바타 서비스로, 국내 대표적인 메타버스 플랫폼이라고 할 수 있어.

3

메타버스,
어떻게 작동하나?

영지 이미 여러 가지 종류의 메타버스를 경험하고 있었네요.

삼촌 맞아, 이미 우리는 메타버스 세계에 살고 있어. 소셜 미디어 같은 디지털 공간에 사진을 올리는 건 일상 기록이란 메타버스, 길거리 광고판에 있는 QR코드를 찍어서 스마트폰으로 정보를 확인하는 건 증강현실이라는 메타버스, 길을 찾을 때 네비게이션을 켜는 건 거울 세계라는 메타버스, 온라인 게임에서 다른 친구들과 놀면서 체험하는 건 가상 세계라는 메타버스지.

미래 현실과 가상의 세계를 넘나드는 새로운 세상이 바로 ~~~ 메타버스!

삼촌 하하, 아주 똑똑한 학생들이군! 이제는 더 배울 게 없을 것 같은데?

영지 아니오, 아직 알고 싶은 게 많아요. 저도 메타버스를 이미 경험하고 있다는 건 이해했지만, 영호처럼 메타버스에 푹 빠져드는 사람들은 무슨 이유 때문일까 싶어요. VR 헤드셋을 끼고 있는 걸 보면 안 불편한가 싶기도 하고, 미래에는 정말 진짜처럼 느껴질 수 있을 정도로 기술이 발전하게 될까도 궁금하고요.

삼촌 메타버스가 점점 더 주목받는 이유는 메타버스가 가진 다양한 특성 때문이야. 그리고 미래에는 메타버스를 만들어 내는 기술이 더욱 정교해지고, 발전하게 되겠지.

미래 메타버스가 가지고 있는 다양한 특성이요? 그게 뭔데 요?

삼촌 메타버스의 기술적·사회적·심리적 특성에 관해 설명해 줘야겠구나. 그걸 들으면 사람들이 왜 메타버스에 크게 기대를 하는지 알게 될 거야.

메타버스의 과학 기술

메타버스는 사람들에게 현실처럼 느껴지는 경험을 제공할 수 있는 공간이어야 해. 복잡한 뇌를 가진 인간에게 현실에 없는 것을 실재하는 것처럼 느끼게 하려면 고도의 기술이 필요하겠지. 그러려면 내가 보는 게 가상이 아니라고 느낄 만큼 몰입하게 해 주는 기술이 필요하지.

또한, 상호작용이 바로바로 될 수 있도록 안정적인 네트워크와 복잡한 계산을 지원해 주는 컴퓨팅 역량도 필요해.

몰입을 만드는 기술

우리 눈에 보이는 부분부터 알아볼까? 영화 〈레디 플레이어 원〉을 보면, 주인공이 VR 헤드셋을 쓰고 있지. 메타(Meta)의 최고경영자(CEO)인 마크 저커버그(Mark Zuckerberg)는 우리 시대의 가장 어려운 기술적 도전은 슈퍼컴퓨터를 평범한 안경처럼 보이는 곳에 집어넣는 거라고 했어. VR 헤드셋이 사람들에게 몰입감을 주려면 매우 뛰어난 성능의 컴퓨터가 들어가야 하는데, 즉 크기가 작아야 한다는 거지.

메타는 과거부터 오큘러스라고 부르는 VR 헤드셋을 팔고 있단다. VR 헤드셋은 각 눈에 화면이 달렸지. 처음에 나온 오큘러스 기기는 한쪽 눈당 1080×1200의 해상도를 가졌는데, 최근에 나온 오큘러스 퀘스트2라는 기기는 1832×1920의 해상도를 가지고 있어.

숫자가 나오니까 복잡하게 생각할 수도 있는데, 간단히 말하면 단위 면적에 표현할 수 있는 점이 더 많다는 이야기야. 화면에 점들을 크게 찍으면 모양을 알아보기 힘든 모자이크처럼 보이겠지? 하지만 점을 세세하게 찍으면 훨씬 섬세하고 자연스럽게 보일 거야. 마트 가전제품 매장 앞에서 4K 텔레비전을 구경해 보면 엄청 선명해 보이지? VR 헤드셋은 바로

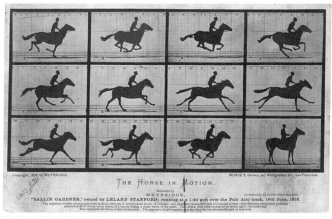

여러 장의 연속된 사진을 규칙적인 속도로 보여 주면 움직이는 것처럼 보인다. 〈움직이는 말 The Horse in Motion〉. (출처: 위키미디어 커먼스)

눈앞에서 보기 때문에 훨씬 더 높은 해상도가 필요하단다. 오 큘러스 퀘스트2가 벌써 4K에 가까운 해상도를 구현해 냈는데 이를 두 배 이상으로 더 높이는 걸 목표로 하고 있대.

부드러운 화면을 위한 주사율도 중요하지. 주사율은 모니 터에 1초간 얼마나 많은 이미지를 보여 주는지에 대한 값이 야. 필름 영화가 처음 만들어졌을 땐 1초에 24장의 사진을 보 여 주었지. 그래서 사진이 움직이는 것처럼 보이는 거야. 1초 에 보여 주는 사진이 더 많으면 움직임이 더욱 부드럽고 자연 스럽겠지? PC방에 가서 좋은 게임용 모니터를 보면 144Hz 모니터라고 적혀 있어. VR 헤드셋에서는 아직 90Hz 정도야.

60Hz 정도 주사율의 모니터도 문서 작성을 하거나 인터넷을 검색하는 데 쓰기에는 무리가 없어. 하지만 여기저기를 빠르게 둘러보거나 시점을 많이 이동하게 되는 VR 환경에서는 기기의 주사율이 낮으면 방향 감각을 잃어버리거나 메스꺼움을 느끼기도 하지.

인간의 눈이 볼 수 있는 범위는 약 180~210도 정도 된다고 해. 하지만 지금 나와 있는 VR기기는 120도 정도에 그치고 있어. 우리가 실제로 볼 수 있는 것보다 적은 범위에서만 화면이 보인다면 메타버스라는 공간에서 몰입감이 떨어지겠지?

지금까지 말한 내용은 모두 소프트웨어 문제가 아닌 하드웨어의 문제란다. 디스플레이에 관한 이야기를 중심으로 했지만 VR 헤드셋에 들어가는 프로세서, 배터리, 스피커 모두 더 나은 성능을 가지게 만들면서도 쓰고 있기에 불편함이 느껴지지 않을 정도로 작아지는 발전이 필요하지.

메타버스 공간을 채우는 기술

이용자의 눈에 직접 보이는 기술의 발전만큼이나 메타버스라는 공간을 만들고 채우는 데 필요한 기술도 발전해야 해.

메타버스의 유형 중 하나로 거울 세계가 있다고 했잖아. 현실과 완전히 다른 가상 세계를 만들 수도 있겠지만, 물리적인 세계의 모습을 있는 그대로 반영하는 거울 세계를 만드는 거야. 지금도 일부 게임을 보면, 현실 공간을 스캔해서 사실적인 게임을 만들기도 하잖니. 이를 위해 사용하는 기기는 일반인이 이용하는 카메라와는 수준이 다르지. 산업용 카메라는 가격과 크기가 일반 소비자가 쓰는 것보다 몇 배나 비싸고, 사람의 눈으로 볼 수 있는 것보다 선명하게 쇼핑몰, 빌딩, 학교, 회사와 같은 공간을 캡처할 수 있어.

퀵셀(Quixel)이라는 회사가 있는데, 3D 도서관이라는 콘셉트의 서비스를 제공하는 기업이야. 현실의 다양한 사물을 3D 스캔으로 만들어 놓고, 이를 활용해서 비디오 게임, 영화, 건축 시각화와 같은 3D 아트 제작을 도와주는 거지. 레고로 설명하자면 퀵셀은 레고 블록을 만드는 회사고, 게임 제작자는 레고 블록을 활용하여 원하는 작품을 만드는 거라고 볼 수 있어. 제작자가 블록부터 만들기 시작하면 시간이 오래 걸리겠지? 그래서 고품질 스캐너를 통해 제작한 물리적인 공간의 재료를 바탕으로 게임 기업은 거울 세계를 쉽고 저렴하게 제작할 수 있는 거야.

이렇게 만들어진 메타버스 공간에는 내가 좋아하는 현실

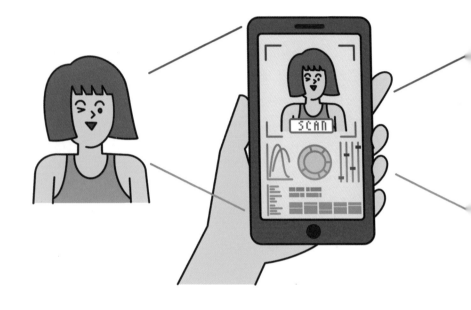

세계의 물건을 가져올 수도 있어. 어린 시절에 할머니가 직접 손으로 만들어 주신 인형 같은 것 말이야. 이건 산업용 기계를 사용하지 않더라도 누구나 손쉽게 할 수 있을 가능성이 크단다. 바로 스마트폰을 이용하는 거지. 애플은 오브젝트 캡처(object capture)라는 기능을 선보이면서 아이폰 사진을 활용하여 현실의 물건을 몇 분 만에 간단하게 가상 물체로 만드는 걸 보여 주었어.

메타버스에서 우리를 표현하는 방식도 훨씬 발전하게 될 거야. 스노우라든가 스냅챗 같은 카메라 앱을 보면 스티커가 있지? 얼굴을 자동으로 인식하고 얼굴에 다양한 장식을 할 수 있게 해 주지. 비슷한 방식으로 현실의 얼굴을 바로 인식해서 메타버스에서 그대로 보여 줄 수 있게 될 거야. 페이셜 모션 캡쳐(facial motion capture)라는 기술은 카메라 스캐너를 사용해서 얼굴의 움직임을 디지털로 바꿔 주는 것을 말해. 실

시간으로 인식되는 표정이 메타버스로 연결된다면 어떻게 될까? 현실의 표정을 내 아바타에 실시간으로 연결해서 표현하는 게 가능해지겠지.

이런 기기의 발달로 인해 메타버스는 점차 현실의 모습을 반영하는 완전히 새로운 사실적인 가상 공간이 될 거야. 과거에 산업용으로 사용되던 기계에서 하던 일을 점차 소비자가 사용하는 작은 스마트폰에서도 가능하게 만든 기술의 발달이 이를 도와주겠지?

따라서 점차 많은 사람이 메타버스 공간을 채우는 일에 참여하게 될 거야. 나중에는 현실 세계가 실시간으로 3D 디지털로 만들어지고 메타버스로 업데이트되겠지. 멀리 제주도에서 사는 사람이 스마트폰 앞에 앉아서 메타버스에 있는 매장의 상담원으로 일하는 날도 올 거야.

네트워크와 컴퓨팅

메타버스가 작동하기 위해서는 많은 양의 데이터가 필요하겠지. 데이터가 실시간으로 끊김 없이 전송되려면 네트워크 기술과 컴퓨터의 복잡한 계산 능력이 필요해. 컴퓨터 네트워크는 데이터를 보내고 받는 목적으로 컴퓨터를 유선이나 무선으로 연결하는 걸 말해. 인터넷 검색, 이메일, 오디오나 비디오 공유, 온라인 쇼핑, 라이브 스트리밍 등, 모두 컴퓨터 네트워크로 가능한 것들이지. 우리가 인터넷을 통해 보는 모든 것은 디지털 형식으로 된 데이터를 이미 약속한 규칙에 따라 주고받기 때문에 가능한 일이야. 메타버스에서는 인터넷보다

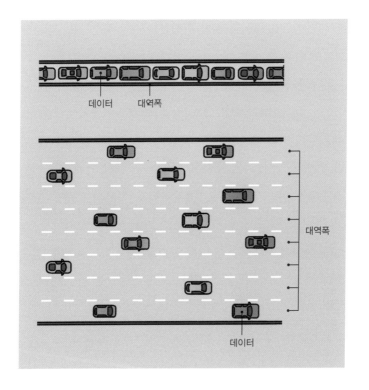

데이터   대역폭

대역폭

데이터

훨씬 더 발전된 네트워크 기술이 필요하지.

첫 번째는 대역폭(bandwidth)이야. 특정 시간 동안 전송할 수 있는 데이터의 용량을 의미하지. 조금 더 쉽게 설명하자면, 도로가 몇 차선으로 되어 있는가에 관한 내용이라고 생각하면 돼. 도로가 1차선이면 차가 많이 막히겠지? 하지만 8차선 도로라면 더 많은 차가 빠르게 통과할 수 있을 거야. 여기에서 차가 데이터가 되는 거란다. 우리가 이상적으로 생각하는 메타버스가 현실로 되기 위해서는 지금 하는 게임 대부분보다도 훨씬 더 높은 사양이 필요해.

지금까지 나온 게임 중에 가장 높은 컴퓨터 사양을 요구하는 게 마이크로소프트의 〈플라이트 시뮬레이터(Flight Simulator)〉라고 해. 실제로 비행하는 것과 똑같은 느낌을 주기 위해서 상당히 큰 노력을 기울였지. 게임 안에서 보이는 지형을 표현하기 위해 2.5페타바이트 이상의 용량을 썼다고 해. 〈리그오브레전드〉 게임 25만 개 정도의 용량이지. 게임 플레이어 컴퓨터에 데이터를 저장할 수 없어서 필요한 순간에 필요한 만큼만 네트워크로 보내 주는 스트리밍 방식*을

....
● 데이터를 전송하는 방식 중의 하나인데, 데이터를 읽으면서 전송은 물론 실시간으로 재생하는 방식을 말해. 유튜브에서 동영상을 볼 때를 생각하면 이해하기 쉬운데, 비디오나 오디오 자료를 내려받지(저장하지) 않고 실시간으로 보거나 들을 수 있지.

사용하고 있어. 하지만 비행기 게임이기 때문에 풍속, 온도, 습도, 조명 등 다양한 요소가 실시간으로 변화하겠지? 당연히 엄청난 양의 데이터가 네트워크를 통해 전달되어야 할 거야. 그래서 큰 대역폭이 필수적이야.

두 번째는 지연 시간이야. 네트워크를 통해 데이터를 어느 한 장소에서 다른 장소로 보내는 것이 가능하다고 했지. 지금 인터넷 속도가 과거에 비하면 엄청나게 빨라졌지만, 여러 가지 이유로 약간의 시간이 지연될 수밖에 없어. 데이터를 보내는 거리가 멀다든지, 보내는 데이터의 크기가 클 경우에도 그럴 수 있고, 여러 경로를 거치면서 지연이 생기기도 한단다. 친구와 영상 통화할 때 화면이 멈추거나, 버벅거리거나, 목소리만 들리는 경우를 경험해 본 적 있지? 영상 통화를 하는 프로그램은 중요한 음성을 우선순위로 보내고 영상을 편집하여 상대방에게 보내 줘. 그러니까 현실 세계의 대화처럼 완전한 실시간은 아니라는 거지.

게임의 경우에 혼자 하는 게임은 상관없지만 여러 사람이 함께하는 게임에서는 지연 시간이 문제가 돼. 내가 게임의 정보를 받는 속도와 응답이 다른 플레이어에게 전송되는 속도를 결정하기 때문이야. 가령 플레이어의 위치, 총을 발사했는지, 수류탄을 던졌는지와 같은 정보인 거지. 총을 쏘는 슈팅 게임 같은 경우엔 미세한 속도의 차이로 승패가 결정 날 수 있으니까 이런 게임을 하는 친구들은 지연 시간에 엄청 민감할 수밖에 없어. 그래서 게임 제작사는 북미 서버나 아시아 서버와 같은 식으로 분류해 특정 지역에 있는 게임 플레이어끼리 연결해 주는 방식을 사용해.

메타버스에서는 우리가 직접 만나서 대화하듯이 풍부한 표정과 몸짓이 자연스럽게 표현되는 것이 중요해. 그런데 만약 말의 속도와 화면의 속도가 미묘하게 차이가 난다면 어떤 일이 생길까? 내가 하는 말과 표정이 서로 맞지 않아서 오해할 수도 있고, 그래서 상대가 기분 나빠할 수도 있을 거야. 만약 그렇다면 완전 실패한 소통 방법이 되는 거지. 메타버스는 지리적인 제약을 받지 않는 가상의 공간이야. 대한민국과 반대편에 있는 아르헨티나에 있는 친구와도 메타버스에서 아무런 불편감이나 문제없이 소통할 수 있어야 그 의미가 있어. 그렇기에 앞으로 더 기술이 발전해야 할 필요가 있는 거야.

네트워크 기술과 더불어 컴퓨팅 기술도 중요한 요인이야. 좀 더 정확한 일기예보를 위해 슈퍼컴퓨터를 사용한다는 이야기를 들어본 적 있을 거야. 날씨를 예측하려면 온도, 압력, 습도, 풍속 등 많은 자료를 모아서 복잡한 수학 계산을 해야해. 계산해야 하는 숫자가 너무 많으니 슈퍼컴퓨터를 사용할 수밖에 없는 거지. 메타버스에서도 컴퓨터의 계산 능력은 필수적이야. 수십 명의 플레이어가 모여서 동시에 하는 게임을 생각해 봐. 성능이 떨어지는 그래픽카드가 들어간 컴퓨터로 게임하면 캐릭터의 옷이나 헤어스타일이 제대로 안 나오잖아. 옷은 헤진 것 같고, 머리 모양도 엉성해 보이지. 컴퓨터의 계산 능력이 부족하면 나타나는 모습이야.

메타버스가 정말 실제처럼 느껴지고, 지연 시간 없이 즉각적으로 반응하려면 컴퓨터의 계산 능력은 보다 더 향상되어야 할 거야. 한 공간에 모이는 사람(접속자 수)이 천 명, 만 명이 넘어도 문제가 없도록 말이야. BTS가 메타버스에서 콘서트를 연다면 수백만 닝이 모일 텐데 그러려면 엄청나게 뛰어난 컴퓨터의 계산 능력이 필요할 거야.

메타버스의 사회학

기술적인 환경이 갖추어졌다고 해도 사람들이 메타버스를 이용하지 않으면 아무 의미가 없겠지? 그럼 왜 사람들은 메타버스를 이용하게 되는 걸까? 그 이유는 인간의 사회성에서 찾을 수 있어. 즉 집단성을 가지고 있다는 거지.

치열한 자연환경에서 인간도 동물과 마찬가지로 살아남아야 했는데, 만약 인간이 혼자였다면 생존에 취약했을 거야. 포식자를 상대할 수도 없고, 먹을거리를 충분히 구하지도 못했겠지. 특히 인간은 알이 아닌 새끼를 낳는 포유류인데, 인간의 아이는 큰 약점을 가지고 있단다. 이를 증명하기 위해 3개월 된 원숭이와 아기를 비교한 실험이 있었어. 장난감을 보여 주고 탁자 아래 숨겼을 때 원숭이는 장난감을 찾아냈지만, 인간은 찾아내지 못했지.

왜 그랬을까? 인간이 동물보다 똑똑하지 못하다는 뜻일까? 아니, 이 실험 결과는 뇌의 발달 방식과 관련이 있단다. 태어났을 때 뇌의 크기를 비교해 보면 침팬지는 성인 뇌 크기의 45%의 크기를 가지고 태어나는데 인간은 고작 25%만 발달해서 태어난다는 거야. 인간은 왜 침팬지에 비해서도 뇌가 발달하지 못한 채로 태어나는 걸까? 이를 설명하기 위한 재미있는 가설이 있는데, 그 이야기를 들려줄게.

이 가설은 인간이 두 발로 걷는 선택을 하면서 발생하게 된 결과라고 설명해. 인류는 아주 오래전에 살기 좋은 장소를 찾아가기 위해 장거리 이동에 효율적인 이족보행을 선택했지. 이족보행이 두 가지 결과를 가져왔어. 우선은 손이 자유로워졌기 때문에 다양한 도구를 사용했고 두뇌가 발달하게 되었지.

또 다른 변화는 이족보행을 선택함으로써 골반이 점차 작아졌다는 거야. 인간은 진화하면서 머리가 점차 커졌는데, 이족보행으로 골반이 작아지면서 아이를 낳기가 어려워진 거지. 그래서 다른 영장류들처럼 아이가 다 자란 후에 출산하면 산모와 태아가 모두 위험할 수 있어서 결국, 인간의 아기는 미숙한 상태로 태어나게끔 진화한 거지.

영지야, 동생 영호가 태어났을 때를 한번 생각해 보렴. 인간은 아기 땐 혼자 아무것도 하지 못한단다. 최소 6개월은 지나야 바닥을 기어 다닐 수 있어. 기린 같은 동물들은 태어나자마자 걸어 다니는데 말이야. 동물의 새끼는 영양소를 섭취하면서 내장기관을 발달시키고, 신체의 성장 속도가 점차 빨라진다고 해. 반면에 인간은 유아기에 섭취하는 영양소의 대부분을 뇌를 발전시키는 데 사용하지. 뇌라는 조직을 발달시키는 데 많은 에너지를 투입하기 때문에 몸이 자라는 기간이 다른 포유류에 비해 느리단다. 아기 땐 누군가가 보호해 주지 않으면 살아갈 수 없어. 그래서 인간은 다른 동물에게서는 발견하기 어려운 협동 사육을 선택하게 되었다고 해. 한곳에 뭉쳐서 생활했고, 함께 농사를 짓고 노동하며 사회적인 존재로 발전하게 되었다는 거야.

오래전부터 사회적 동물로 살아온 온 인간에게 다른 사람과 소통할 기회가 차단된다는 것은 어찌 보면 괴로운 일일지도 몰라. 코로나19로 만날 수 없을 때 많은 사람이 우울함을 느꼈다고 하잖니. 메타버스는 사람과 사람이 만나 연결될 수 있고, 새로운 경험을 할 수 있는 곳이야. 코로나19로 만남이 어려워진 상황에서 메타버스가 더욱 주목받게 된 것도 그 이유라고 볼 수 있지.

메타버스의 심리학

인간이 가지고 있는 독특한 심리 중의 하나는 홀로 뒤쳐지거나 소외되는 것에 두려움을 느낀다는 사실이야. 소셜 미디어*를 많이 이용하고 벗어나지 못하는 이유로 이야기하는 게 바로 '포모(FOMO, Fear of Missing Out) 증후군'이야. 다른 사람이 모두 하는 것을 나만 놓치게 될까 봐 불안해한다는 뜻이야. 혹시 그런 느낌을 받은 적 있니? 왠지 SNS를 하지 않으면

....

• 소셜 미디어는 페이스북(Facebook), 인스타그램(Instagram), 유튜브(YouTube)와 같은 소셜 네트워킹 서비스(social networking service, SNS)에 가입한 이용자들이 서로 정보와 의견을 공유하면서 대인관계망을 넓힐 수 있는 온라인 플랫폼이나 온라인상의 콘텐츠를 말해.

나 혼자만 친구들의 대화에 끼지 못하는 건 아닌가 싶어서 불안을 느낀 적 말이야. 코로나19로 사람과 사람이 직접 만나기 어려워진 상황에서 메타버스가 사람들을 연결해 주고 소외에 대한 두려움에서 벗어나게 해 주니까 더 빠르게 성장한 것도 같은 이유야.

인간의 뇌는 같은 것을 계속해서 경험하면 지루해하고, 예측하지 못한 경험을 하면 즐거움을 느낀다고 해. 인간 뇌의 신경 전달 물질인 도파민은 쾌락과 보상에 반응하게 되어 있어. 예를 들면, 선물을 받거나 맛있는 것을 먹으면 도파민이 활성화되지. 그런데 신기한 사실은 예측하지 못한 보상에 이런 세포가 더 활성화된다는 점이야. 엄마가 생일 선물로 새로 나온 가방을 사주셨다고 생각해 보렴. 엄청나게 신나겠지? 그런데 엄마가 일주일 전에 미리 생일 선물로 가방을 사준다고 말씀하셨으면 조금 덜 신나겠지? 사주신다고 말씀하시고 안 사주신다면 기분이 울적해질지도 몰라. 이처럼 메타버스가 가지는 무한한 확장성이나 누구와 연결될 수 있을지 모른다는 불확실성이 인간에게 메타버스를 더 흥미로운 곳으로 받아들이게 하는 거지.

지금까지 과학 기술을 바탕으로 메타버스가 어떻게 작동하고, 왜 주목받는지를 알아보기 위해 몇 가지 특징을 이야기했어. 물론 현실보다는 동시성이 떨어지고 생생함이 부족하지만, 정보통신 기술은 이러한 점을 극복하는 방향으로 꾸준히 발전해 왔단다. 몰입을 가능하게 해 주는 기기, 현실에 있는 대상을 가상 세계로 가져가기 위한 도구, 즉각적인 상호작용을 보장해 주는 안정적인 네트워크, 이러한 복잡한 계산을 지원해 주는 컴퓨터의 역량 등이 복잡하게 얽혀 있기에 가능한 일들이야. 하나의 영역만 발전된다고 메타버스가 가능한 게 아니라, 모든 부분이 발전해야 좀 더 이상적인 형태의 메타버스가 가능해지겠지.

또한 메타버스가 주목받는 건 기술 발전만이 아니라, 사회 심리적인 부분도 많이 작용한다는 것도 알 수 있었어. 사람들이 메타버스에 많은 관심을 가지는 건 인간이 사회적인 존재라는 특징, 소외되는 것에 대한 두려움, 불확실성과 새로움에 자극과 재미를 느끼는 인간의 속성 때문이라는 것도 알게 되었고 말이야.

다른 사람과 연결되고 싶고, 즐기고 싶은 욕구는 계속해서 새로운 경험을 원해. 메타버스는 이런 욕구를 충족시켜 줄 수 있는 공간이야. 어때? 언제 어디서든지 사람과 사람이 만나 연결될 수 있고, 누구나 색다른 경험을 할 수 있는 메타버스로 인해 변화할 미래가 기대되지 않니?

4

메타버스,
우리 삶을 어떻게 바꿀까?

영지 메타버스 기술이 더욱 발전하면 정말 새로운 세상이 될 것 같아요.

삼촌 2007년에 아이폰이 처음 등장했을 때 사람들은 깜짝 놀랐단다. 음악을 듣고, 동영상을 보고, 인터넷도 되는 신기한 전화기가 등장했던 거지. 2007년에는 그저 신기한 전화기 정도로만 생각해서 소수만 사용했지만, 급속도로 퍼져서 지금은 스마트폰이 필수품이 됐잖아. 영화에서 보는 것과 같은 수준의 메타버스도 우리가 생각한 것보다 더 빠르게 현실화될 수도 있어. 예상컨대 많은 변화가 생길 거야. 물론 지금까지의 상식으로는 잘 이해되지 않는 부분도 있겠지. 예를 들면, 현실 세계에서 소유할 수 있는 물건이 아닌, 디지털 공간의 상품에 돈을 쓰는 것도 당연해질 테고 말이야.

미래 사실 저는 종종 게임 캐릭터에게 입히는 옷을 사곤 해요.

삼촌 하하, 미래는 메타버스에 이미 올라탔구나. 예전에는 대부분의 사람이 전원이 내려가면 사라지는 디지털 상품을 돈 주고 사는 걸 이해하지 못했었어. 직접 사용할 수 있는 물건이 아니기도 하고, 디지털로 되어 있는 사진이나 그림은 얼마든지 복사할 수 있는데 왜 굳이 돈을 주고 사야 하는지 의문을 가지는 사람이 많았지.

영지 저도 그런 사람들 중에 한 사람이긴 해요. 아바타에 입힐 옷이나 액세서리에 돈을 쓰고, 게임 속에서 땅을 돈 주고 사는 거, 이해가 안 되거든요. 제가 자꾸 메타버스는 또 다른 세상이란 걸 깜빡하나 봐요. 아무래도 현실 세계에서 주로 살다 보니 그런가 봐요.

삼촌 삼촌도 영지 마음을 충분히 알 것 같아. 사실 메타버스가 세상을 얼마나 어떻게 변화시킬지는 아직 아무도 정확하게 예측할 수 없거든. 그래도 어떤 방식으로 변화가 생길지 예상되는 새로운 세상을 이야기해 볼게.

시뮬레이션이란 어떠한 현상이나 사건을 컴퓨터로 모형화하여 가상으로 수행시켜 봄으로써 실제 상황에서의 결과를 예측하는 걸 말한다고 앞서 설명했지? 실제와 최대한 비슷하게 모형을 만들기 때문에 여러 가지로 활용될 수 있는 장점이 있어.

예를 들면, 600명을 태운 대형 여객기가 난기류를 만난 상황이라고 생각해 보자. 그런 상황에서 어떻게 행동하는 게 가

조종사 훈련용 모의 비행 장치.
(출처: 위키미디어 커먼스)

장 좋은 선택일까? 이것에 정답을 찾기 위해 현실 세계에서 600명의 승객을 태우고 난기류에 빠뜨려서 실험할 수는 없잖아. 이때 메타버스를 활용하는 거야.

앞에서 메타버스의 한 가지로 거울 세계에 관해 이야기했지. 거울 세계의 가장 큰 특징은 현실에 있는 세계를 그대로 만들어 내는 거야. 현실과 똑 닮게 옮겨 놓은 항공기 시뮬레이션이 있다고 생각해 보자. 비슷한 여러 상황을 여러 가지 방법을 사용해 시험해 보면 최적의 선택이 무엇인지를 찾아낼 수 있을 거야. 그리고 항공기 조종에 익숙하지 않은 초보 비행사도 숙련된 기장이 될 수 있도록 모의 비행 장치로 훈련을 받을 수 있을 거야.

이처럼 거울 세계와 같은 메타버스에서는 그전까지 알지 못했던 특성을 파악하거나 초보자에게 교육용으로 활용할 수 있다는 장점이 있어. 즉 시뮬레이션이라는 것을 통해 우리가 현실에서 직접 해 보기 힘든 걸 미리 경험해 볼 수 있는 거지.

또 다른 재미있는 사례가 있는데, 시뮬레이션 레이싱에서 유명한 어떤 레이서는 실제 트랙에서는 운전을 한 번도 해 본 적이 없었대. 그런데 면허를 딴 이후 처음으로 참가한 '슈퍼 레이스 챔피언십'에서 우승을 한 거야. 그는 우승 소감을 묻자 "시뮬레이션 레이싱 게임과 비슷했다"라고 이야기했어. 게임은 시각에만 전적으로 의존해야 하는데, 오히려 속도감을 입체적으로 느낄 수 있는 실제 레이싱이 더 쉬웠다고 말했어. 재미있지 않니? 시뮬레이션을 만드는 기술이 점차 발전하면서 현실 세계와의 차이가 점차 줄어들고 있는 거야.

자동차 레이서가 되려면 어린 시절부터 많은 시간과 돈을 투자해서 교육을 받아야 한단다. 하지만 시뮬레이션을 활용해 교육하면 좀 더 저렴한 비용으로 많은 사람이 체험해 볼 수 있겠지? 예전보다 쉽게 접근할 수 있으니까.

영지가 클래식 작곡가가 된다고 한번 생각해 보렴. 과거에는 작곡한 음악을 직접 들어보려면 바이올린, 첼로, 콘트라베이스 등 오케스트라를 불러야 했지. 그런데 지금은 컴퓨터 안에서 클릭 몇 번으로 내가 만든 음악의 결과물을 확인해 볼 수 있어. 메타버스 안에서 작곡하고, 메타버스 속의 공연장에서 연주회를 연다면 정말 멋질 거야. 이렇게 메타버스에서는 현실 세계에서 하기 어려웠던 것들을 쉽게 해 볼 수 있어.

이처럼 시뮬레이션을 가지고 많은 사람이 자기 재능을 찾거나 새로운 창작물을 만들어 낼 수 있지. 개인이 경험하는 시뮬레이션뿐만 아니라 산업적으로도 메타버스는 많은 주목을 받고 있단다. 물건을 만드는 것도 자동차 레이싱이나 비행기 조종과 비슷하다고 볼 수 있어. 실제로 새로운 상품을 하나 만들려면 많은 비용과 시간이 들어가지만, 메타버스에서 미리 물건을 만들어 본다면 비용과 시간을 줄이는 것은 물론, 나중에 발생할 수 있는 문제 상황도 예방할 수 있지.

물건 하나가 아니라 아예 공장을 메타버스에 만든다면 직원들이 미리 업무를 경험해 볼 수도 있을 거야. 실제로 미국의 컴퓨터 그래픽 회사인 엔비디아(nVidea)는 '옴니버스'라고 부르는, 현실과 똑같은 정교한 메타버스 서비스를 만들었어.

'옴니버스'는 가상공간에서 친구들을 만나는 단순한 기능을 넘어서 업무를 경험할 수 있게 만들고 있어. 물리적인 세계보다 훨씬 커질 가상공간에 여러 가지 도구와 장비를 갖추어 놓고 다양한 작업을 해 볼 수 있게 한다는 거야. '옴니버스'는 시뮬레이션이라는 특성에 가장 충실한 서비스라고 볼 수 있지. BMW도 자동차 공장을 가상공간에 만들어서 직원들이 다양한 업무를 하는 걸 보여 주기도 했어.

이런 시뮬레이션은 우리가 왜 디지털 가상공간을 만들어야 하는지에 대해 명확한 이유를 제시하고 있어. 엔비디아는 '옴니버스' 플랫폼에 현실에서 시험해 보기 어려운 환경을 만들어 놓고 화재, 홍수, 정전, 비상 상황에 대해 시뮬레이션을 해 볼 수 있다고 이야기해. 예를 들면, 인천공항에서 제주도로 바로 연결되는 경로를 만들었을 때, 교통 상황이나 비행기 이용은 어떻게 변화할지에 대해서 알 수 있지. 새로 공장을 지었을 때 주변 환경은 어떻게 변할지에 대한 궁금증도 해결할 수 있어. 과거에는 어떤 결과가 나올지 머릿속으로만 예측했다면, 메타버스를 통해 과학적인 자료를 기반으로 미리 만들고 실험해서 실제 발생한 결과를 예측해 볼 수 있는 거지. 이렇게 거울 세계에서 실시간으로 운영되는 메타버스에서 다양한 예측 결과를 바탕으로 우리가 원하는 세상으로 미래를 바꿔나가게 될 거야.

업무와 공부, 굳이 만나지 않아도

사람들이 일하는 방식이나 학생들이 공부하는 방식도 메타 버스로 인해 변화가 생길 거야. 오래전부터 원격회의를 통한 방식으로 업무를 할 수 있을지에 대해 많이 고민해 왔단다. 대부분의 의견은 원격회의가 현실의 업무를 완전히 대체하는 건 불가능하다는 거였어. 현실에서 하는 복잡한 업무를 어떻게 서로 만나지도 않고 처리하겠냐는 거였지.

무엇보다 신뢰의 문제가 크다는 거야. 회사에서 일만 하는 게 아니라 밥도 먹고, 회식도 하고, 교류 활동도 해야 서로가 믿고 이해할 수 있는 관계가 된다는 거지. 해외 기업과의 업무도 직접 만나서 서로를 소개하고 대화해야 믿음을 줄 수 있다고 생각했어. 그래서 기업들은 그동안 비싼 비용을 들여 직원들을 외국으로 출장도 보냈고, 아예 현지에 거주지를 얻어주고 장기간 일하게도 했던 거지.

사람들의 오랜 인식이 변화하게 된 건 역시 코로나19 때문이야. 국가 간의 이동이 봉쇄되고 서로 만날 수 없는 상황이

지만 업무를 해야만 했기에, 사람들이 강제적으로 원격회의에 익숙해지기 시작한 거야. 원격회의 도구를 만들던 기업도 급격하게 성장했단다. 현재는 더 많은 기업이 비대면으로 업무할 수 있는 서비스를 만드는 데 주목하고 있어.

만약에 메타버스 공간에서 직접 만나서 업무할 수 있다면 기업은 큰 비용을 절약할 수 있을 뿐만 아니라 개인도 시간을 더 효율적으로 쓸 수 있을 거야. 출퇴근에 드는 비용과 시간을 아끼고, 가족과 함께 보내는 시간을 더 가질 수도 있겠지.

그래서 메타버스에서 업무 환경을 잘 만드는 게 중요하지. 단순한 온라인 화상회의인 2D 화면보다 물리적 공간감과 몰입감을 높이기 위해 노력하고 있어. 메타버스에 대규모 회의실이나 소규모 회의실, 휴게실, 체육시설 등 다양한 만남의 공간을 만드는 것도 중요해. 가상공간이지만 실제 공간처럼 모여서 회의하고 휴식도 취하고 운동도 하는 거지. 이미 채용설명회를 메타버스에서 한 기업들도 많아.

회사는 어떻게 바뀔까?

마이크로소프트는 '메시'(Mesh)라고 부르는 협업 플랫폼을 만들었어. 홀로렌즈라는 증강현실 헤드셋을 통해 서로 다른

MICE 가상 행사 플랫폼인
버추얼 서울. (virtualseoul.or.kr)

장소에 있는 사람이 같은 장소에서 다양한 자료를 함께 보며
업무할 수 있게 했지. 아바타 모습을 한 직장 동료가 증강현
실 헤드셋을 통해 바로 옆에 있는 것처럼 홀로그램 형태로 나
타나게 되는 거야. 마이크로소프트는 모든 조직이 디지털과
물리적 공간을 통합하는 새로운 협업 구조를 필요로 하고 있
다고 말하면서, 모든 것을 하는 메타버스보다는 업무라는 분
야에 특화된 기술에 집중하고 있어.

전문가들이 대규모로 모여서 회의하는 컨벤션도 메타버스
기반으로 옮겨 가고 있어. 이것도 역시 코로나19의 영향이 컸

지. 서울관광재단과 기업들이 협업해서 삼차원 가상공간 서울을 만들었어. 이 안에서 가상회의를 할 수 있고, 주요 공간을 관광지처럼 돌아다닐 수 있게 만들어 놓았지. 현실 세계에서 컨벤션을 하는 장소인 코엑스도 가상공간에 꾸며져 있을 뿐만 아니라, 회의할 수 있는 회의실, 관광을 위한 서울광장, 공연을 위한 콘서트홀도 마련해 놓았단다. 앞으로 어떻게 발전해 갈지 지켜봐야 하지만, 이렇게 다양한 활동이 가능하다면 사내 연수나 교육, 국제회의 등에도 사용할 수 있는 아주 좋은 수단이 될 거야.

학교는 어떻게 바뀔까?

이미 몇몇 대학교는 메타버스 캠퍼스를 만들었단다. 학교와 똑같이 건물을 세우고 학생들이 자유롭게 캠퍼스를 다니며 축제를 열기도 했어. 또 다른 학교는 입학식을 메타버스로 했는데, 대학 총장님의 젊은 시절 모습으로 아바타를 만들어서 당시 본인이 겪었던 청년의 불안과 희망을 이야기하면서 축사를 하셨어.

이런 사례는 코로나로 인해 대면 수업을 할 수 없는 학교들이 대안으로 선택한 방법이지만, 전 세계 학생들이 모이는 비대면 수업으로만 진행되는 학교도 있단다. 미네르바 스쿨은 2014년에 생긴 미래형 대학이야. 다른 학교들이 캠퍼스를 가지고 있는 것과는 다르게 모든 수업이 온라인에서 진행되고 있지. 비디오 채팅 기반의 가상 교실 플랫폼을 활용하는데, 인공지능이 학생들의 발표 참여 정도를 표시해서 발언이 부족한 학생은 더 참여할 수 있도록 교수님이 유도한다고 해. 이런 도구를 통해 온라인으로 이루어지는 수업이지만 학생의 자발적인 참여를 끌어내는 거지.

지금은 학교 모습이 대부분 유사하고, 이미 만들어진 건물 안에서만 교육이 이루어지지만, 미래에는 메타버스와 현실이

결합한 다양한 교육 과정이 생기고 강의실의 무대가 넓어질 거야. 가령, 수업 시간에 '파리'를 주제로 공부하면 지금은 교과서를 읽고 사진이나 동영상을 보는 정도가 전부지만, 앞으로는 가상현실을 통해 파리 시내 곳곳을 다니며 에펠탑도 올라가 보고, 루브르 박물관에 전시된 예술품들도 볼 수 있게 되는 거지.

오락과 놀이, 가상 인플루언서의 등장

앞으로는 메타버스가 새로운 교육의 기회를 줄 뿐만 아니라 신나는 놀거리도 다양하게 제공해 줄 거야. 현재도 직접 만나기 어려운 연예인과 관련된 다양한 볼거리들이 메타버스에서 이루어지고 있잖아.

네이버에서 운영하는 메타버스 서비스인 제페토는 가상공간 안에서 유명 걸그룹의 공연을 열었어. 걸그룹 멤버들이 모션 캡처가 가능한 옷을 입고 퍼포먼스한 결과를 가지고 디지털 공간의 캐릭터가 걸그룹 춤을 그대로 추게 만든 거야. 제페토 가입자 3억 명 중 해외 가입자가 95%고, 10대 이용자가 80%야. 이 정도면 메타버스가 전 세계 10대 청소년들의 대세

실제의 움직임 값을 컴퓨터에
수록하는 기술인 모션 캡처.
(출처: 위키미디어 커먼스)

플랫폼으로 자리매김한 거라고 해도 과언이 아니지.

요즘은 유튜브나 트위치에서 개인방송을 하는 사람들도 연예인 못지않게 유명하잖아. 대중에게 연예인만큼이나 영향력이 큰 사람을 '인플루언서'라고 해. 제페토는 인플루언서들의 소속사와 크리에이터의 콘텐츠 제작을 협업하기도 했어.

요즘 연예인 중에는 가상으로 만들어진 인물도 있는데, 혹시 본 적 있니? 이들을 '가상 인플루언서'라고 부르지. 우리가 애니메이션에서 보는 캐릭터처럼 생긴 가상 인플루언서도 있고, 정말 사람과 구분할 수 없이 생겼지만 컴퓨터 그래픽으로 만들어진 가상 인플루언서도 있어. 초반에는 인스타그램에 일상을 올리고 모델로 활동하는 경우가 많았는데, 최근에는 가수로 데뷔하는 가상 인플루언서도 많이 있더라고.

거대한 토끼 귀를 가진 '아뽀키(APOKI)'는 버츄얼 유튜버로 활동하고 있는 가수야. AI 로봇 래퍼라고 부르는 'FN Meka'도 유명해. 인공지능을 이용해 트래비스 스캇의 노래를 학습해서 곡과 가사를 만들고, 랩은 실제 사람이 한다고 해. 틱톡에서 활동하고 있는 FN Meka는 팔로워가 거의 1000만 명에 가까워. 조회 수도 100억 이상이야. 대단하지? 메타버스의 가상 인플루언서가 인간 인플루언서보다 팔로워가 많다니, 생각할수록 정말 놀랍고 신기한 일이야.

가상 경제에도
시장과 가격이 있다고?

메타버스는 디지털 생활을 하는 공간이고, 그 디지털 공간에서 활동하는 디지털 인플루언서가 있다는 점도 참 신기하지만, 신기한 이야기가 아직 남아 있단다. 디지털 자산을 거래하는 다양한 방식까지도 있다는 점이 바로 그거야. 지금부터는 메타버스 경제에 대해 이야기해 보려고 해.

NFT와 가상 부동산

원래 디지털의 특징이라고 하면 무엇을 생각할 수 있지? 바로, 복사할 수 있다는 점이야. 영지가 컴퓨터로 그림판에 멋진 그림을 그렸는데 삼촌이 갖고 싶대서 파일을 보내 줬다고 해 보자. 나중에 영지가 유명해져서 그림도 값이 엄청나게 올라갔는데 삼촌이 가지고 있는 그림과 영지가 가지고 있는 그림에 차이가 있을까? 그림 파일 형태라서 어떤 것이 원본인지 알 수 없을 거야. 그런데 최근에 '대체 불가능한 토큰'이라는 의미로 NFT(Non-Fungible Token)라는 말을 자주 사용하고 있어. 이것은 원본과 복사본을 구분할 수 없었던 디지털 작품에 어떤 것이 원본이라는 증명서를 만들어 준다고 생각하면 된단다. 이 기술로 디지털 파일에도 원본과 복사본을 구별할 수 있게 된 거고, 원본은 가치를 인정받게 된 거지.

'디센트럴랜드(Decentraland)'라는 메타버스는 아바타를 만들어서 공간을 돌아다니면서 공연도 보고, 미술 작품도 보고, 경매에도 참여하고, 게임도 하는 플랫폼이야. 흥미롭게도 이 회사는 사람들에게 가상공간의 땅을 판매해. 방금 말한 NFT라는 기술을 적용해서 말이야.

땅을 파는 가상 부동산이라니, 정말 신기하지? 무한히 확장

가능한 디지털 공간에는 땅이 제한되어 있을 리가 없는데, 그걸 어떻게 가격을 매긴다는 걸까? 그들은 가상공간의 토지를 9만 개로만 정했어. 희소한 물건은 거래 시장에서 가격이 오르게 되어 있는데, 디지털에 강제적으로 희소성을 부여한 거지. '디센트럴랜드'에서는 토지뿐만 아니라 옷이나 신발도 시장에서 거래되는 것처럼 사고팔고 있단다. 자체적으로 만든 가상화폐를 가지고 말이야.

디지털 공간에서 무언가 거래가 활발하게 일어난다는 사실이 특이하지 않니? '더 샌드박스'라는 메타버스 플랫폼은 〈마

인크래프트〉랑 비슷한데, 자기가 직접 자동차, 캐릭터, 물건을 만들 수 있어. 만든 물건은 메타버스 내에 있는 시장에서 거래가 된단다. 그리고 메타버스 공간 안에서 내가 원하는 게임을 만드는 도구도 제공해 주고 있어. '디센트럴랜드'와 비슷하게 가상의 토지도 거래하고 있지.

이렇다 보니 놀이인지 경제인지 경계가 매우 모호해졌어. 예전에는 게임은 시간을 보내거나 재미를 위해서 했지만, 메타버스는 꼭 그런 방식은 아닐 가능성이 커. 만약 내가 만든 아이템이 메타버스 안에서 인기가 많아져서 비싼 가격에 팔

수 있다면 어떻게 될까? 게임을 하면서 돈을 벌 수 있게 되는 거지. 그야말로 신세계 아니니?

미래를 노크하는 새로운 시장

가상공간의 특징 중 하나는 현실 세계의 나를 대신하는 아바타가 있다는 점이야. 그래서 자기 자신을 표현하는 것에 중요성을 두는 사람은 가상의 캐릭터를 꾸미는 데 돈을 쓰는 걸 아까워하지 않지.

사람들이 많이 모이는 곳에는 시장이 생기게 마련이야. 메타버스에 많은 사람이 모이게 하고, 즐거움을 제공해 주면서 이들을 연결해 준다면 충분히 가능한 이야기지. 하지만 아직은 초보 단계이고, 어떤 방식으로 발전하게 될지는 알 수 없는 일이니 메타버스가 어떻게 성장하는지 지켜보면 좋을 거야. 궁금하면 직접 들어가서 살펴봐도 좋겠지.

'디센트럴랜드'에는 도미노피자 가게가 입점해 있는데 주문하면 가상의 피자가 아닌 실제 피자를 받아볼 수도 있어. 메타버스의 미래는 무한한 가능성을 가진 기술이라 어떤 방식으로 발전할지 예상할 수 없는 일이지. '스페이셜'(Spatial)이라는 메타버스 플랫폼은 가상 갤러리를 만들어 두고, NFT를 활용해서 예술품을 판매하고 있어. 작품을 직접 보고 구매할 수 있도록 공간을 제공하는 거지. '디센트럴랜드'는 미술 작품 경매로 유명한 소더비스(Sotheby's) 경매소도 오픈했어.

이처럼 많은 것들이 빠르게 바뀌어 가고 있단다. 앞으로는 점점 더 많은 종류의 다양한 메타버스 서비스가 등장하게 될 거야. 어떤 서비스는 많은 이용자의 관심을 끌며 대표적인 플랫폼이 될 수 있겠지. 하지만 단 하나의 메타버스 플랫폼이 있기보다는 여러 종류의 메타버스 플랫폼이 함께 존재할 가능성이 커. 포털이나 소셜 미디어, 메신저 서비스가 한 가지만 있는 게 아니듯이 말이야. 그러니 관심의 끈을 놓치지 않고 꾸준히 지켜보면서 참여해 보는 게 중요하겠지?

5

메타버스를 향한
경쟁

영지 메타버스 세상은 정말 신대륙을 발견한 것과 같다는 생각이 들어요. 서부 개척 시대엔 금 캐러 간다더니 저도 먼저 가서 깃발 꽂아야 할 것 같아요.

삼촌 여러 기업이 메타버스를 위해 엄청난 투자를 하고 있어. 페이스북은 아예 회사 이름을 메타로 바꾸고 '호라이즌'이라는 메타버스 플랫폼을 출시해서 이용자의 눈길을 끌기 위해 노력하고 있어. 마이크로소프트도 '메시'라는 업무에 특화된 메타버스 플랫폼을 출시했고 말이야. 그뿐만 아니라 〈월드오브워크래프트〉나 〈오버워치〉 같은 유명 게임을 개발한 '액티비전 블리자드'를 무려 82조 원이나 주고 샀어. 기업들이 메타버스를 선점하기 위해 경쟁하고 있으니 메타버스가 바꾸는 삶이 더 빠른 속도로 다가오게 될 거야.

미래 메타버스 서비스가 다양한데요, 그럼 어떤 걸 쓰는 게 좋을까요? 제가 게임할 때 보면 처음에는 그 게임을 하는 친구들이 많아서 같이 놀기 편한데, 나중에 친구들이 그 게임을 안 하면 같이 놀 사람이 없어서 좀 재미없거든요.

삼촌 그렇지. 메타버스 기술만큼이나 중요한 것이 바로 이용하는 사람들이란다. 메타버스는 결국 현실 세계와 디지털 세계에 걸쳐 사람과 사람을 연결하는 공간이기 때문에 이용하는 사람들이 어떻게 연결되고 협업하며 공유하는지를 이해하는 게 필요해.

메타버스, 젊은 이용자와 창작자가 주인

메타버스와 관련된 다양한 기술이 속속 등장하면서 가장 눈에 띄는 변화 중의 하나는 사람들이 가상 세계에서 보내는 시간이 점차 증가하고 있다는 거야. 넷플릭스나 웨이브 같은 OTT˙ 서비스로 드라마를 보는 시간이 증가했고, 게임 이용자도 큰 폭으로 증가했어. 코로나 이후 게임 신규 이용자가 그 전보다 20% 증가했다고 해.

게임은 사람들과 함께 적을 물리치거나 문제를 해결하는 것처럼 미리 정해진 목표를 달성하는 과정에서 즐거움을 주는 엔터테인먼트 중 하나라고 생각해 왔지. 그런데 게임 안에서도 사람을 만날 수 있어. 게임의 음성 채팅 기능을 이용하면 시차 없이 현실 세계처럼 바로바로 이용자들과 대화할 수

....

˙ 오버더톱(Over-the-top)의 줄임말로, 영화, TV 프로그램 등의 미디어 콘텐츠를 인터넷을 통해 소비자에게 제공하는 서비스를 말해.

있어. 게다가 기술이 발달하면서 아바타를 통해 자신의 감정을 표현하는 것도 가능하다 보니 훨씬 풍부한 소통을 할 수 있게 됐지.

아바타를 통해서 가상공간에서 자신을 표현하고 다른 사람들과 소통하는 건 어쩌면 새로운 일은 아니야. 삼촌이 어렸을 때도 게임 속에서 비슷하게 놀았거든. 그런데 삼촌은 엄마한테 많이 혼났단다. 밖에 나가서 운동도 하고 친구들도 만나야지 왜 방 안에서만 웅크리고 있냐고 말이야. 그런데 요즘은 어떠니? 게임에 대한 사람들의 인식이 많이 달라져서 메타버스에서 가상 캐릭터를 가지고 다른 사람들과 이야기하는 것을 이상하게 바라보지 않아. 메타버스에서 보내는 시간을 낭비라거나 반사회적인 행동으로 보지도 않고 말이야.

지금 세대는 특히 과거와는 정말 다른 생각과 행동을 하는 세대라고 볼 수 있어. 현재 학교 수업 시간에도 사용하는 '아이패드'가 처음 등장했을 당시에, 종이로 된 잡지나 책을 터치해서 화면을 넘기려는 영유아에 대한 뉴스가 자주 나왔었어. 태어나자마자 태블릿 화면을 터치해서 넘겨 보던 아이들이 종이로 된 책을 보면서도 똑같은 행동을 한다는 내용이었지. 그때쯤 태어났던 아이들이 벌써 10대가 되었어. 태어나면서부터 디지털 기기를 접하게 된 그 세대를 디지털 원주민

(digital natives)이라고 부르지. 그들은 기존 세대가 보는 것과 다른 방식으로 세상을 보는 거야.

예를 들어 로블록스를 생각해 보자. 로블록스가 처음 등장한 것은 2006년이야. 현재 로블록스는 무한히 다양한 가상 세계로 주목을 받고 있지만, 과거에는 그다지 사람들의 눈길을 끌지 못했어. 그래픽도 별로 좋지 않았고 스토리도 재미없었지. 사람들과 만날 수 있는 소셜 기능도 그전에 어른들이 사용하던 페이스북이나 인스타그램보다 나아 보이지 않았고. 그런데 왜 로블록스에 어린 세대들은 관심을 가질까?

요즘 세대는 가상공간에서 무언가를 만지고, 새롭게 바꾸고, 함께 만들어 나가는 걸 좋아해. 또한 가상공간에서 자기 자신의 개성을 표현하고, 다른 사람과 이야기를 나누는 것에 거리낌이 없지. 예전 어른들과는 다르게, 자기 아바타를 꾸미기 위해 디지털 아이템을 사는 데 돈 쓰기를 아까워하지도 않아. 물론 이런 모습만 보자면 단순히 온라인에서 물건을 구매하는 소비자와 다를 바가 없어 보이기도 해. 그런데 이들 사용자들이 단순히 소비자에 머무르는 게 아니라, 메타버스에서 창작자이자 비즈니스를 하는 리더로 성장하고 있어.

현재 제페토에서는 명품 브랜드가 디지털 상품을 판매하고 있어. 그런데 명품을 만드는 큰 회사들만 디지털 상품을 만들어서 판매하는 게 아니야. 제페토 스튜디오는 일반 이용자도 디지털 상품을 만들어서 판매해 수익을 올릴 수 있는 구조를 만들어 놓았어. 과거에는 이해하기 어려웠던 일이 메타버스에서 일어나고 있는 거야.

이러한 세대가 성장함에 따라 세상의 모습이 변하는 중이야. 이제는 가상 세계 원주민 세대가 이끌어 나가는 거지. 그러다 보면 점차 많은 사람이 메타버스에 참여하게 될 거야. 결국 사람들이 많이 참여하는 곳이 미래의 메타버스를 이끌어 나가게 되겠지.

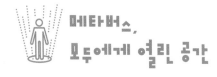

메타버스, 모두에게 열린 공간

미래 현재 사용되고 있는 여러 종류의 메타버스들이 미래에도 남아 있기 위해서는 많은 사람이 이용하는 게 중요하다는 말씀이군요.

영지 어떻게 해야 더 많은 사람이 모이게 할 수 있나요? "여기로 모여!"라고 이야기한다고 사람들이 모여들지는 않을 것 같은데요.

기업이 살아남으려면 소비자가 많아야 하는 것처럼, 소셜미디어도 이용자가 많을수록 영향력이 크잖아. 메타버스도 이용하는 사람이 많아질수록 더 가치 있는 장소가 될 거야. 메타버스에 친구가 많아야 같이 대화할 사람도 많고, 새로운 친구를 만날 기회도 더 많아지지 않겠니? 그럼 더 많은 이용자가 참여할 것이고, 자연스럽게 메타버스에서 자신의 작품을 만들어 판매하려는 사람도 많아지겠지?

예를 들면, 구찌나 프라다와 같은 명품 브랜드도 디지털 상품을 구매해 줄 고객이 많아야 참여할 것이고, 소규모 개인 크리에이터도 사람들이 많이 있는 메타버스를 찾아가게 될 거야. 유명한 가수들도 관객이 많은 메타버스로 찾아와 콘서트를 할 거고 말이야.

당연히 "여기가 최고, 최대의 메타버스"라고 자랑한다고 사람들이 모이지는 않아. 현실 세계에서 거대한 쇼핑몰을 만든다고 생각해 보렴. 어떤 부자가 깊은 산 속에 수십만 명이 동시에 쇼핑할 수 있는 초대형 쇼핑몰을 만들었다면, 그곳에 사람이 몰릴까? 쇼핑하러 등산하듯 산에 오를 사람은 거의 없을 거야. 접근성도 중요하고, 어떤 상품들이 있는지(콘텐츠)도 중요해. 식당은 인테리어를 아무리 잘 꾸며 봐야 음식이 맛없으면 한번 가고 안 갈걸.

식물이 자라나기 위해서는 물과 비옥한 토지가 필요하고 햇볕도 잘 비추는 곳이어야 하는 것처럼, 쇼핑몰도 여러 가지 조건을 만족시키는 곳에서 유지될 수 있단다. 사회 경제 시설도 동떨어져서 생겨날 수 있는 게 아니라, 기존 시설이 있는 곳 근처나 사람들이 많이 사는 곳에서 유기적으로 생겨나는 거야. 사람들이 자주 가는 커피숍이나 공원에는 손님이 몰릴 만한 이유가 다 있는 것처럼 말이야.

왜 그곳엔 사람이 모일까

우선, 많은 사람이 메타버스 플랫폼을 이용할 수 있도록 자연스럽게 이끌어 줄 수 있는 일종의 진입로가 필요해. 〈소셜 네트워크〉라는 영화가 있는데, 페이스북이 만들어지는 과정을 담았어. 그 영화를 보면, 페이스북도 "우리가 소셜 네트워크가 되겠습니다"라고 이야기해서 세계 최대의 소셜 네트워크가 된 건 아니야.

영화는 페이스북의 창업자인 마크 저커버그가 학교에서 만난 여자한테 차이고 난 뒤, 학교 데이터에 접근해 여학생들 사진을 모아서 나의 이상형을 투표하는 사이트를 만들었다가 6개월 정학 처분을 받은 사실에서부터 시작해. 저커버그의 컴퓨터 실력에 관심을 가진 다른 친구가 학생 커뮤니티를 만들자고 제안했지. 저커버그는 하버드 대학교 학생만 들어오는 폐쇄 커뮤니티라는 아이디어로 페이스북을 만들게 돼. 이후 주변 학교에까지 알려지고 투자도 받고 성장하여 지금의 페이스북이 만들어지게 된 거지. 초반에는 캠퍼스에서 인기 있는 사람이 누구인지를 뽑는 서비스로 시작했다가 시간이 갈수록 이용자들이 사진과 자기 이야기를 올리고 서로 소식을 나누는 소셜 네트워크 서비스로 발전하게 된 거야.

페이스북의 사례에서 알 수 있듯이 메타버스도 사업자가 매력적이라고 생각하는 것으로 채우는 것이 아니라, 이용자가 필요로 하는 무언가로 채워져야 그 생명력이 길어져. 초기에는 자연스럽게 사람들을 끌어들일 수 있는 서비스나 상품이 있어야 하고, 이후에는 모인 사람들이 더 적극적으로 참여하고 소통하면서 더욱 재미있고 쓸모 있는 공간으로 발전해 나가게 되는 거지.

그 대표적인 사례가 〈포트나이트〉와 같은 게임이야. 〈포트나이트〉는 초반에 상대와 경쟁하고, 싸우고, 승리하고, 점수를 획득하는 목표를 가진 게임에서 시작했지만, 게임에서 점점 벗어나서 무언가를 만들고, 나 자신을 표현하고, 함께 일하고, 사람들을 사귀는 공간이 되고 있어.

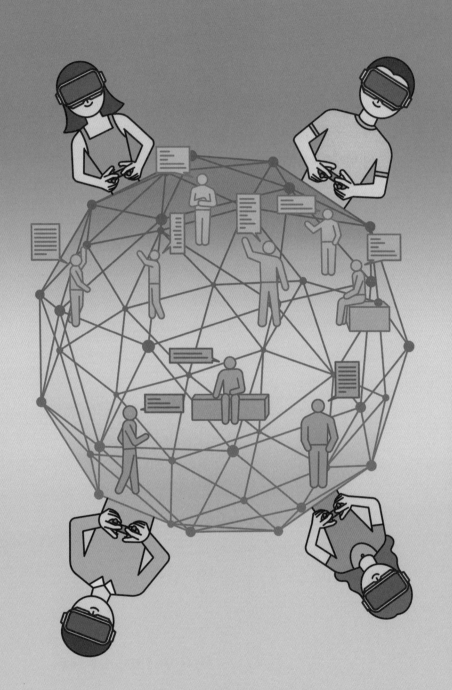

코로나19로 인해 게임 이용자가 증가했다고 이야기했는데, 〈포트나이트〉에 접속하는 사람 중에 다수는 게임을 플레이하기 위해 접속하는 게 아니라, 가상공간에서 친구를 만나기 위해서 들어오곤 해. 이제는 트래비스 스콧, 아리아나 그란데, BTS와 같은 유명 가수가 공연하는 공간이 되기도 했지.

또한, 〈포트나이트〉는 마블 캐릭터 의상을 입고 고담 시티를 돌아다닐 수 있는 특이한 공간이기도 해. 보통은 자기 회사의 캐릭터 의상만을 제공하는 다른 게임과는 다르게 다른 회사의 캐릭터와 상품을 합법적으로 소비할 수 있는 공간이 되고 있는 거야. 물론 많은 사람이 모이는 거대한 장소가 되어가고 있어서 가능한 것이겠지.

그래서 〈포트나이트〉는 사람들을 메타버스로 유인할 수 있는 진입로를 제공했다고 볼 수 있어. 게임을 통해 사람들을 끌어들이고, 재능을 가진 사람들을 참여하게 만들고, 여러 브랜드의 상품을 한곳에 모으면서 자유로운 소통이 가능한 공간, 새로운 문화가 만들어지는 공간이 되었지.

상상이 현실이 되는 곳

메타버스에서는 누구나 상상을 현실로 만들고, 전 세계 사람들과 함께 노는 것이 가능해. 마치 가상공간에 만들어진 테마파크처럼 말이지.

테마파크는 아무나 만들 수 없는 것 중의 하나야. 토지도 제한되어 있고, 건설하는 데 오랜 시간이 걸리며, 운영하려면 막대한 돈이 필요하지. 테마파크가 인기 있는 이유는 많은 사람이 상상의 세계를 사랑하기 때문이란다. 〈스타워즈〉를 좋아해서 광선 검을 들고 제다이의 모험을 흉내 내던 아이들이 어른이 되었어. 콘텐츠를 즐기는 이런 열정적인 팬들은 만들어진 이야기를 즐기는 것에서 그치지 않고 점점 자신의 이야기를 만들어서 사람들에게 보여 주고 싶어졌지. 이제는 단순히 콘텐츠를 소비하는 것만이 아니라 만들어 내고 변화시키는 세대가 된 거야.

참 다행스럽게도, 요즘은 다양한 기술의 발달로 콘텐츠를 만들어 내기 위해 직접 프로그램을 코딩할 정도의 컴퓨터 지식이 필요한 건 아니라는 거야. 닌텐도 스위치에서 많이 팔린 게임 중 하나인 〈슈퍼마리오 메이커〉는 슈퍼마리오 게임을 창작해 주는 도구인데, 이것으로 벌써 수백만 명이 자신만의 슈퍼마리오 게임을 만들고 있어.

앞으로는 이처럼 모든 사람이 제약 없이 상상하는 공간, 단순히 소비하는 것이 아닌 나만의 이야기를 만들어 내는 도구를 제공하는 공간, 창작물을 다른 사람과 함께 공유하고 즐길 수 있는 열린 공간이 바로 메타버스가 될 거야.

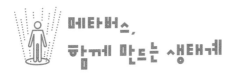

메타버스, 함께 만드는 생태계

영지 메타버스는 누구나 참여할 수 있는 공간이 되어야 한다고 했는데, 기업이 메타버스를 차지해 버리면 누구나 참여할 수는 없게 되는 거 아닐까요?

인터넷을 이용해 서비스를 제공하는 구글이나 아마존, 페이스북, 네이버, 카카오 같은 기업들은 현재 우리 삶에서 엄청난 영향력을 행사하며 큰돈을 벌고 있지. 이제 앞으론 메타버스가 그 자리를 차지할지도 몰라. 실제로 이들 거대 정보 기술 기업은 메타버스가 가지는 잠재력을 충분히 알고 있을 뿐만 아니라 많은 돈을 투자해서 공격적으로 메타버스를 만들어 가고 있어.

가장 먼저 떠오르는 건 마이크로소프트야. 학교에서 문서를 작성하거나 발표 자료를 만들 때 마이크로소프트에서 만든 오피스 프로그램을 사용해 본 적이 있을 거야. 마이크로소프트는 전문 인력 구인·구직 소셜 미디어 사이트 '링크트인', 화상회의 도구인 '스카이프', '엑스박스'라고 부르는 비디오 게임기도 가지고 있고, 〈마인크래프트〉를 통해 대규모 온라인 게임 콘텐츠를 운영해 본 적도 있어. 그리고 '홀로렌즈'라고 부르는 혼합 현실 안경도 개발하고 있지. 업무가 필요한 모든 곳에 마이크로소프트가 있어서 미래에 주요한 메타버스의 자리를 차지할 가능성이 커. 게다가 게임과 메타버스 플랫폼 구축을 위해 〈스타크래프트〉와 〈오버워치〉 등 유명 게임을 출시한 '액티비전 블리자드'를 82조 원에 인수하면서 엔터테인먼트 분야로도 발을 넓히고 있어.

페이스북은 2021년 10월 28일 회사 이름을 메타로 바꿨어. VR 헤드셋만 쓰면 언제 어디서든 일하고, 게임하고, 소통할 수 있는 새로운 세상인 메타버스를 구축하겠다고 선언했지. 페이스북은 원래도 아주 큰 소셜 미디어를 보유한 기업으로 누구보다 많은 일상 기록을 쌓아 나가고 있는 회사야. 메타도 '오큘러스'라고 부르는 VR 헤드셋을 만들면서 메타버스의 왕좌를 꿈꾸고 있어. 스마트폰 시대의 아이폰이 되겠다는 의욕을 불태우고 있지.

물론 기업들이 메타버스 세상에서 주도권을 잡기 위해 과감한 투자를 하고 있지만, 기업만이 메타버스를 만들어 가는

것은 아니야. 실질적으로 기업과 정부, 이용자가 메타버스 생

태계를 이룰 거야. 숲속에 호랑이만 있는 것이 아니라 여러

동식물이 숲속 생태계를 이루듯이 말이야.

예를 들면, 정부도 메타버스를 통한 변화에 대응하기 위해 메타버스 전문가를 육성하고, 메타버스 기업을 지원하고 있어. 정부의 지원책을 보면 메타버스를 위해 어떤 분야가 발전해야 하는지를 알 수 있지. 메타버스 인력 양성을 위한 대학 교육 지원, 개방형 메타버스 플랫폼에 필요한 소프트웨어 기술 분야뿐만 아니라 가상현실, 증강현실 기기 제작을 위한 소재 부품 장비까지 다양하단다. 메타버스 플랫폼을 만드는 데 필요한 기술과 장비 제작 업체 외에도 메타버스의 콘텐츠를 만드는 기업도 지원하고 있지.

특히 정부는 메타버스에서 창작자의 역할이 중요하다고 보고 있어. 마치 유튜브가 등장하면서 유튜버라는 새로운 직업이 생기고 많은 사람에게 일자리를 만들어 준 것처럼 메타버스를 이용하는 메타버서가 유망한 직업이 될지도 몰라. 최근 소셜 미디어나 게임과 결합하여 만들어지고 있는 메타버스에서는 의상이나 가방과 같은 디지털 아이템을 구매해 아바타에게 입히는데, 이용자는 디자이너나 코디네이터가 되어 아이템을 만들어 수익을 올릴 수도 있어. 건축가나 인테리어 디자이너가 되어 메타버스에 독창적인 집을 만들어 줄 수도 있지.

우리가 메타버스를 이끌어 나가기 위해 이루어지고 있는

다양한 경쟁에 대해 살펴봤지만, 중요한 건 결국 사람이야. 메타버스는 현실과 디지털을 넘나들며 사람과 사람을 연결하고, 기술은 결국 이를 가능하게 만들어 주는 도구에 지나지 않아. 아무리 멋지게 만들어 놓은 메타버스 공간도 만약에 사람이 없다면 아무런 의미가 없을 거야.

　거대 기업들이 메타버스를 선도하려고 하지만 기업들의 힘만으로 할 수 있는 건 아니야. 정부가 지원하는 다양한 메타버스 육성 정책을 살펴봐도 결국엔 메타버스에서 누릴 수 있는 다양한 콘텐츠와 서비스를 채워 넣을 수 있는 창작자가 없이는 안 된다는 점을 알 수 있어. 유튜브와 같은 개인방송 플랫폼으로 인해 수많은 사람이 창작자가 되고 더욱 발전했듯이, 메타버스도 창작자를 기다리고 있어. 메타버스 신대륙의 주인이 되느냐, 이방인이 되느냐는 이제 너희들의 몫이야.

6

메타버스
좋기만 한 걸까?

영지 대부분의 사람들은 신상품을 좋아하고 새로운 서비스를 찾잖아요. 소셜 미디어도, 개인방송도 이전에는 없던 거 였는데, 지금은 많은 사람이 즐기는 것처럼요. 메타버스 도 역시 새롭게 발전해서 또 다른 상품과 서비스로 사람 들을 끌어들이려고 할 것 같아요.

미래 그런 점에서 저는 메타버스에 대한 기대감도 높지만 한 편으로 걱정도 돼요. 인터넷도 그렇고, 유튜브도 그렇고 좋게 이용하는 사람도 있지만 안 그런 경우도 있잖아요. 과학 기술이 항상 긍정적인 영향만을 끼치는 건 아닌 것 같거든요.

삼촌 하하, 우리 영지랑 미래가 메타버스를 제대로 정복했네. 맞아, 지금 삼촌이 하려는 이야기가 바로 그거야. 가상 세계에서는 개인 정보가 유출되고 중독에 빠지거나 익명 으로 불법 행위를 저지를 가능성이 더 커질 수 있어. 그 동안 메타버스로 가능한 멋진 일들을 이야기했으니, 이 제 우리가 주의해야 할 부작용에 관해서 이야기해 볼게.

우울함과 행복

　사람들은 페이스북이나 인스타그램 같은 소셜 미디어에 자기 자신을 표현하는 글이나 사진을 올리지? 너희도 맛집에 가면 음식을 먹기 전에 사진부터 찍어 소셜 미디어에 올리고, 새로운 경험을 하거나 여행을 할 때도 열심히 사진이나 글을 올리잖아. 좋아하는 영화나 드라마를 보면 추천도 하고 말이야. 왜 이런 일을 하는 걸까?

　사람들에게 보여 주고 공감 받고 싶고, 다른 사람들이 반응해 주고 지지해 주는 걸 확인하고 싶어서일 거야. 포스팅하고 나서 꼭 확인하잖아. 친구들이 "좋아요"를 얼마나 눌렀는지, 누가 댓글을 달았는지 말이야. 소셜 미디어에 자신의 이야기를 공유하는 것은 결국 나 자신을 표현하고 싶고, 다른 사람의 반응을 통해 존재감을 확인하고 싶기 때문인 거야. 내성적인 성격의 친구들이 소셜 미디어에 자기표현을 하면서 행복감이 증가했다는 연구 결과들도 있어.

　메타버스에서는 소셜 미디어처럼 글과 사진만 올리는 게 아니라, 내 아바타가 돌아다니면서 사람들과 직접 만나서 대화도 할 수 있고, 재미있는 활동도 할 수 있어. 특히, 이동이 불편한 노인들의 경우엔 한정된 공간에만 있다 보면 외로움과 우울을 경험하는데, 메타버스 공간에서 자유롭게 돌아다니고 다른 사람을 만날 수 있다면 정신적인 어려움을 해결하는 데 도움을 받을 수 있겠지?

그런데 문제는 모두에게 긍정적인 방향으로만 작동하지 않을 수도 있다는 점이야. 앞서 말했듯이 온라인 세상에서 사람들과의 연결을 통해 행복감이 증진되었다는 연구 결과도 있지만, 반대로 상대적 박탈감이 커져서 우울감을 느낀다는 연구 결과들도 있어. 이미 소셜 미디어에서 경험했듯이, 남들은 다 맛있는 거 먹고 좋은 데 다니는 것 같은데 나만 이런가 싶은 소외감이 마음을 불편하게 하는 거지. 다른 사람과 비교하기 시작한다면 나의 삶이 상대적으로 보잘것없이 느껴지거나 스스로에 대해 부정적인 생각에 빠질 수도 있어.

가상 캐릭터라고 이러한 문제가 없는 건 아니란다. 오히려 현실에는 존재하지 않는 캐릭터를 만들어서 더 문제가 될 수도 있어. 예를 들어, 버추얼 인플루언서의 원조 격인 영국의 가상 슈퍼모델 슈두(SHUDU)는 현실에서는 볼 수 없을 정도로 비현실적인 몸매를 가지고 있어. 팔등신 몸매에 매끈한 피부를 가진 그녀는 여러 패션 브랜드의 모델로 활동하고 있는데, 청소년들이 그녀의 마른 몸과 자기 자신을 비교하면서 먹지도 않고 우울함을 느낀다는 거야. 비정상적으로 마른 몸매를 멋진 것으로 잘못 받아들이는 거지. 너희도 메타버스에서 보는 것들이 삶의 기준이 되어서는 안 된다는 걸 알아야 해. 또한 자기 자신이 가장 소중한 존재라는 걸 잊지 말고 말이야.

메타버스 성범죄

메타버스에서 다양한 사람을 만날 수 있다는 점은 장점이기도 하지만 문제를 발생하게 만드는 원인이 될 수도 있어. 대표적인 사례 중 하나가 바로 메타버스에서 발생하는 괴롭힘이야. 제페토에서 익명의 사용자가 청소년에게 성희롱 발언을 해서 문제가 된 적도 있고, 로블록스에서는 미성년자에게 접근한 20대 남성이 징역형을 선고받은 사건도 있었어. 〈퀴VR〉이라는 가상현실 게임에서는 옆에 있던 플레이어가 손으로 자기 캐릭터의 몸을 더듬고 꼬집는 듯한 행동을 해서 불쾌했다는 한 이용자의 경험담이 알려지면서 논쟁이 되기도 했어. 이후에 가상공간에서 발생한 일을 진짜 성추행으로 볼 수 있는지에 관한 토론이 이어졌지.

그럼, 여기서 한 가지 물어볼게. 메타버스는 가상의 공간인

데 거기에서 다른 아바타의 몸을 더듬는 것도 성추행이라고
볼 수 있을까?

누군가는 가상공간은 현실이 아닌데 무슨 문제냐고 할 수
도 있지만 절대 그렇지 않단다. 물리적인 접촉이 아니라 언어
만으로도 성추행이 될 수 있으니 당연히 메타버스에서도 문
제가 되지. 오히려 메타버스에서 경험하게 되는 성추행이 피
해자에게는 더 강렬하게 느껴질 수도 있어. 가상공간이지만
물리적으로 같은 공간에 있는 것처럼 느낄 수 있도록 촉감,
무게감, 이동감 같은 감각이 느껴지도록 기술이 발전해 가고
있거든. 만지는 느낌을 살리기 위한 햅틱 장갑이나 실제 이동
하는 느낌을 주기 위한 트레드밀처럼 생긴 기기도 이미 판매
하고 있단다. 지금은 초기 단계지만 이러한 장비의 성능은 점
차 발전하게 될 거고, 현실에서 느끼는 감각과 똑같은 느낌을
주게 될 거야. 그렇게 된다면 현실에서의 경험보다 더 강렬하
게 느낄 수도 있겠지?

물론 인터넷이 등장한 이후 온라인 세계에 성(性)과 관련된
문제나 괴롭힘은 꾸준히 발생해 왔단다. 메타버스에서는 이
러한 문제가 더 심각해질 가능성이 있는 거야. 가상 세계에서
성추행이나 성폭력이 완전히 사라질 세상을 기대하는 것은
현실적이지 않을 수 있어. 현실과 다르게 익명이라는 점을 악

용해서 도덕적이지 않은 행동을 하려는 사람이 있는 한, 그런
문제는 계속해서 일어날 거야.

메타에서 만든 메타버스 플랫폼인 호라이즌 월드에서 일어난 성추행 사건이 화제가 됐었어. 많은 사람이 모인 광장에서 성추행이 벌어졌지만, 사람들이 방관할 뿐만 아니라 일부는 지지하기도 했다는 거야. 그 이후에 호라이즌 월드는 아바타 간 거리 두기를 할 수 있는 '안전지대(safety zone)' 기능을 새로 만들었단다. 이용자가 스스로 위협받고 있다고 느끼면 일종의 방어벽을 칠 수 있는 거야. '안전지대'를 설정하면 그 이용자에게 접촉하거나 말을 걸 수 없게 되는 거지. 보호를 위한 차단 기능이야.

메타버스가 범죄를 당할 수 있는 위험한 공간이라고 느껴지면 누가 놀러 오겠어. 그래서 호라이즌 월드 운영진은 메타버스 안에 여러 가지 안전 기능을 추가해서 이용자들에게 사전에 안내하는 시스템을 만들었어. 처음에 새로운 게임을 시작하면 어떻게 해야 하는지 잘 모를 때 튜토리얼을 통해 안내를 받을 수 있잖아. 메타버스도 이용자들이 다양한 기능을 익히고 안전하게 이용할 수 있게 여러 기술을 활용하고 있어. 범죄 예방을 위해 경고 메시지를 정기적으로 알람 형태로 띄운다거나 메타버스 공간 곳곳에 포스터 형태로 나타나도록 말이야. 물론 메타버스에서 발생하는 괴롭힘을 모두 차단하기는 어려울 수도 있지만, 메타버스에서 모두가 즐겁게 경험하는 것을 목표로 많은 사람이 함께 노력하고 있단다.

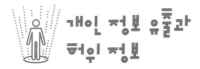

개인 정보 유출과 허위 정보

메타버스는 현실 세계와 디지털 세계의 결합을 시도하지만 두 세계가 가지는 차이점은 여전히 존재한단다. 현실 세계에서는 내가 어디서 무얼 하는지 목격자가 없으면 알 수 없지. 그런데 디지털 세계에 남겨지는 발자국은 언제 어디서든 찍히게 되고 사라지지도 않아. 내가 쓰고 말하고 행동한 모든 것들이 기록되고 남겨지는데, 사업자가 내 동의 없이 개인 정보를 쉽게 탈취할 수 있는 위험성이 존재하는 거지. 메타버스에서는 이용자의 경험, 시간, 교류한 상대방, 대화 내용, 아바타 아이템 등 이용자를 속속들이 알아볼 수 있는 개인 정보를 수집할 수 있어. 이 정보를 사업자가 활용해서 마케팅 목적으로 활용하는 거야.

단순한 마케팅을 넘어 내 정보가 범죄에 이용될 우려도 있어. 메타버스 속에서 처리되는 다양한 개인 정보가 누구와 공유되고, 어떤 목적으로 활용되며, 그리고 어느 시점에 파기되는지를 확인할 수 없다는 점이 문제야.

지금 인터넷을 이용하면서도 이용자 중에는 자신의 정보가 남겨지고 있다는 사실에 둔감한 경우가 많아. 커뮤니티에 가입하거나 앱 하나를 다운받아도 개인 정보 공개에 대해 많은 동의 절차가 있어. 처음에는 읽어 보면서 체크를 했지만, 이제는 빨리 앱을 써보고 싶은 마음에 무조건 동의를 누르고 넘어가는 게 습관처럼 됐지. 내 정보 공개가 어떤 결과를 초래하게 될지 고려하지 않고 너무 쉽게 생각하는 거야. CCTV를 설치하고 반응을 알아보는 실험에서 참가자들은 초반엔 매우 어색해하고 옷도 조심해서 갈아입는 행동을 보였는데, 시간이 지남에 따라 CCTV를 인식하지 않고 평소대로 행동했다는 결과가 있어. 마치 개인 정보 노출에 대한 경계심이라는 얼음이 서서히 녹는 것처럼 말이야.

메타버스에서는 기존의 인터넷이나 스마트폰보다 더 많은 정보가 남겨질 거야. VR기기나 햅틱 장비 등을 착용하게 되니까 위치 정보뿐만 아니라 생체 데이터나 건강 정보 등 과거에는 기록되지 않던 데이터가 쌓이게 되거든. 이런 데이터가 쌓여서 사회 문제를 해결할 수 있는 정답을 발견하는 데 도움을 줄 수도 있겠지만, 잘못 활용된다면 사람들을 통제하고 억압하는 방향으로 악용될 수도 있겠지.

개인 정보 침해와 더불어 허위 정보의 확산 우려도 큰 문제야. 가상 세계에서의 가짜 뉴스 확산은 소셜 미디어보다 더 관리하기 힘들어. 명백한 가짜 뉴스나 음모, 혐오 표현과 폭력이 걸러지지 않고 퍼질 거야. 이미 페이스북이나 인스타그램에서 가짜 뉴스를 걸러내는 것이 얼마나 어려운지 밝혀졌지만, 더 복잡한 메타버스에서 과연 어떻게 확인되지 않은 가짜 뉴스의 생성과 확산을 막을지 우려가 크단다. 여러 가지 기술적 보호 장치도 마련되겠지만 결국 이용자가 조심하지 않으면 나도 모르게 가짜 뉴스 확산의 공범이 될 수 있어.

과다 사용과 중독

타인의 잘못으로 인해 발생하는 범죄 관련 문제는 호라이즌 월드의 아바타 간 거리 두기 기능처럼 기술을 활용해 어느 정도 해결할 수도 있어. 하지만 정말 어려운 문제가 있지. 바로 중독이야.

알코올(술) 중독이나 마약 중독이 먼저 떠오를 텐데, 스스로 통제하지 못하는 상태라면 모두 중독이야. 게임 중독이나 스마트폰 중독에 대한 우려도 크지. 아침에 깨자마자 스마트폰부터 찾고 밤에 잠들면서도 스마트폰을 매만지고 있어. 게임도 시간을 정해 놓고 한다고 부모님께 약속하고서는 지키지를 못하지.

 게임이든, 스마트폰이든 이용 시간을 조절하기 어렵고, 이용 시간을 줄이려 할 때마다 실패하고, 머릿속에서 생각이 떠나질 않아서 공부에 집중하기 힘들다면 이미 중독 상태라고할 수 있어. 아직은 스마트폰이나 게임 중독이 마약이나 알코올 중독처럼 질병 진단이 내려지지는 않아. 하지만 과다 사용으로 인한 부작용은 심각해. 지나친 사용 때문에 부모님께 꾸중을 듣거나 때로는 친구들과의 관계에도 문제가 생기고, 건강을 해치기도 하잖아.

 현실 세계에 머물면서도 이렇게 중독으로 인한 문제가 생기는데, 메타버스에서는 그야말로 가상의 공간에서 돌아다니다 보면 거기에 몰입해서 더 빠져나오기 어려울 수 있어. 현실 세계의 친구들과 관계가 소홀해지거나, 밤새 잠도 안 자고 사이버 공간을 돌아다니다 보면 건강을 해치고 일상생활에도지장이 생길지 몰라. 아무리 메타버스로 새로운 세상을 모험하는 게 유익하더라도 지나치게 사용하면 오히려 현실 세계의 삶이 망가질 수 있다는 거지.

 그럼 왜 과다 사용하게 되는 걸까? 현실 세계에서 느끼는불만족 때문에 그럴 수 있어. 아니면, 메타버스 안에서 경험

하는 몰입감 때문일 수도 있지. 현실 세계처럼 느낄 수 있도록 하는 기술이 너무 발달하다 보니, 오히려 그 재미에 푹 빠져 버리는 문제가 생긴 거지. 그렇다면 우리가 메타버스의 괴롭힘 범죄에 관해 이야기할 때 말한 것처럼, 과다 사용을 예방할 수 있는 장치도 메타버스에 필요하게 될 거야. 예를 들면, 이용자는 메타버스에 너무 몰입해서 자신이 얼마나 이용하고 있는지 모르기 때문에 과다 사용하는 것일 수도 있잖아. 그런 경우에 내가 얼마나 오랜 시간 이용하고 있는지 알려 준다든지, 잠시 쉬었다 하라는 메시지를 보여 주는 것만으로도 도움이 될 거야. 물론 스스로 사용 시간을 통제하려는 의지와 노력이 가장 중요하겠지.

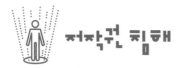

저작권 침해

메타버스에서도 가장 중요한 것은 그곳을 무엇으로 채울 것인가 하는 문제야. 결국 콘텐츠가 중요하다는 거지. 가상공간에서 아이돌 그룹이 공연을 하고, 그림 전시회도 하고, 건물도 짓고, 그야말로 다양한 활동을 할 수 있겠지. 현실 세계에서는 공연이나 전시회, 건물 또는 다양한 콘텐츠의 소유권이 누구에게 있는가가 아주 분명해. 당연히 내가 가진 것을 다른 사람이 마음대로 사용할 수 없지. 알다시피 요즘은 지식재산권이 인정되기 때문에 현실 세계에서 누군가가 권리를 갖는 저작물을 가상 세계에서 무단으로 사용하면 문제가 돼. 다른 사람이 만든 콘텐츠나 브랜드를 마구 사용해서 저작권을 침해하는 일이 발생하면 법적으로 해결하는 일도 생기지. 이미 저작권 관련 법안도 마련되어 있고 말이야.

앞으로는 이런 문제가 메타버스 세상에서도 생겨날 거야. 이미 메타버스 내에서 저작권 문제로 주목을 받은 사례가 있어. 미국의 음악출판협회가 대표적인 메타버스 서비스인 로블록스에 대해 저작권 위반 소송을 했단다. 메타버스에서 무단으로 음악 저작물을 이용했다는 이유야. 더 구체적으로 이야기하자면 로블록스 이용자들이 로블록스가 제공하는 음악 라이브러리에서 음악을 선택해 새로운 콘텐츠로 재가공한 거야. 이 과정에서 '로벅스'라는 가상화폐를 통해 수익을 내었는데, 정작 그 음악의 원래 주인인 음반 제작사나 창작자들에게 저작권료를 지급하지 않았다는 이유였지. 결국 로블록스가 메타버스 내에 음악인들이 이용할 수 있는 플랫폼을 제공하고, 로블록스와 창작자가 라이선싱 계약을 체결하는 조건으로 합의했어. 메타버스에서 창작자의 권리를 존중하고 저작권을 인정하게 된 사례가 생겨난 거지.

음악 이외에도 현실 세계의 다양한 콘텐츠가 메타버스 내에 구현될 경우, 저작권 침해 문제가 다수 발생할 수 있을 거야. 외국의 한 게임사는 전쟁 기반 액션 게임 속에 현실 세계의 군용차를 그대로 재현했다가 상표권 침해와 부정 경쟁으로 소송을 당하기도 했어. 뉴욕 지방법원에서는 게임상에서 군용차가 등장한다고 해서 현실의 군용차 수익에 영향을 주지 않는다는 이유로 상표권 침해가 아니라고 판단했지. 그런데 "만약 상표권 침해가 아닌 군용차 디자인의 저작권 침해로 소송이 진행됐다면 결과가 달라졌을 수 있다"라는 지식재산권 분쟁 전문가의 의견도 있어.●

메타버스 이용자들은 그 공간에서 게임 아이템이나 옷, 가방, 신발, 가구, 심지어 건물을 만들어서 판매할 수도 있잖아. 이때 현실 세계에 존재하는 디자인, 음악, 소설 등의 콘텐츠를 메타버스 세계에서 재가공할 경우, 앞으로 이에 대한 저작권 논쟁은 뜨거워질 가능성이 매우 커. 내가 가진 권리를 행사하는 것도 중요하지만, 남의 권리를 침해해서는 안 된단다.

....

● [Fn이사람] "메타버스 확장으로 가상 세계 저작권 분쟁 늘어난다" 기사 참고, 〈파이낸셜 뉴스〉.

만들어 보는 기쁨에 들떠서 남의 브랜드나 콘텐츠를 마구 이용하다 보면 자칫 불법 행위를 저지를 수 있다는 점을 절대 잊어서는 안 돼.

메타버스에서 발생하는 여러 가지 문제점을 살펴보았어. 많은 사람이 모이는 공간이기에 새로움도 있고, 활기가 넘치는 공간이 될 수 있지만, 그에 따른 문제점도 분명히 발생하게 될 거야. 어떤 위험이 도사리고 있는지를 알면 더욱더 주의하면서 즐겁고 안전한 메타버스 생활을 해 나갈 수 있을 거라고 믿어.

메타버스,
가능성과 미래

영지 메타버스 여행 정말 재미있네요. 이제 메타버스가 뭔지, 거기서 뭘 할 수 있는지, 뭘 조심해야 하는지도 알았어요. 그런데 이렇게 여러 가지 문제가 발생할 수도 있는 메타버스 세상이 정말 필요한 걸까 싶은 생각도 들어요.

삼촌 새로운 기술이 도입될 때는 언제나 위험 요소들이 있게 마련이지. 믿기지 않겠지만 유선 전화가 처음 나왔을 때도 거짓말로 자장면을 배달시키고, 불났다고 장난으로 전화한다고 위험하다고 했었어. 인공지능이 처음 등장했을 때도 인간의 일자리를 빼앗고 사회 혼란을 가져올 거라고 걱정이 많았지. 결국, 사람들이 기술을 어떻게 이용하느냐에 따라 미래가 달라질 수 있어.

미래 제 이름이 나오니까 쑥스럽네요. 미래가 어떻게 될지는 모르지만, 공상과학 영화에서 봤던 가상공간이 현실에서 생겨나다니 생각할수록 정말 놀라워요.

삼촌 맞아, 영화 속 이야기가 현실이 된 거지. 메타버스는 인류가 기술로 만들어 낸 새로운 시공간이야. 지구의 확장인 거지. 메타버스의 현재를 알았으니 그럼 메타버스의 미래는 어떨지 이야기해 볼까?

인간의 확장,
메타버스 아바타

마셜 매클루언(Herbert Marshall McLuhan)은 "미디어는 인간의 확장"이라는 유명한 말을 했어. 새로운 기술이 인간이 가진 감각과 몸의 확장이라는 거지. 미디어는 인간이 자신의 영역을 확장하는 데 도움을 주었어. 신문과 책, 라디오, 텔레비전을 통해 자신이 닿을 수 있는 경험 세계를 넓힐 수 있었던 거지. 디지털 기술이 발전하면서 데스크톱 컴퓨터는 타자와 클릭으로, 모바일 기기는 포인트와 터치로 더 넓은 정보와 오락의 세상에 접속할 수 있게 해 주었어. 메타버스는 클릭과 터치를 넘어서, 내가 컴퓨터 속으로 들어가는 거라고 표현하는 게 좋을 것 같아. 그곳이 바로 메타버스 세계인 거지. 그 세계 속에서는 고대 원시림에서 공룡을 만나고, 달에 착륙하고, 우주를 떠다니고, 심해에서 고기들과 대화도 할 수 있어.

메타버스에서 현실감을 더 높이기 위해 장비가 필요하다고 했지? 머리에 헬멧처럼 쓰는 VR기기가 점점 가볍고 저렴한 비용으로 출시되고 있고, 촉감을 느낄 수 있도록 햅틱 장갑도 나왔어. 앞으로는 더 착용하기 편하고 가벼운 안경으로 발전할 가능성이 커. 안경만 쓰면 기억을 재생해 내고, 블랙박스처럼 내 모든 일상을 기록하고, 건강 체크도 하고, 의사결정을 내리는 데 필요한 정보를 제공받을 거야. 먼 미래엔 지금 모든 사람이 스마트폰을 들고 다니듯이 전 세계 사람들이 컴퓨터가 들어가 있는 콘택트렌즈를 끼고 다니는 세상이 올 수도 있겠지.

물론 메타버스를 즐기기 위해 꼭 안경과 같은 기기를 써야만 하는 것은 아니야. 컴퓨터와 스마트폰을 통해서도 가상 세계 속으로 들어갈 수 있어. 물론 가상 세계이니만큼 내 몸이 바로 컴퓨터 화면을 뚫고 들어가는 건 아니고, 나의 아바타가 들어가는 거지. 아바타를 '디지털 미(Digital Me)' 또는 '디지털 자아(Digital Self)'라고 표현할 수도 있어. 현실 세계의 나는 하나뿐이지만, 디지털에서는 몇 개든 만들 수 있다는 차이가 있지. 이메일 계정을 여러 개 만들어 사용하는 것처럼 말이야.

내 아바타를 꾸미기 위해 무료로 제공되는 옷이나 신발도 있지만, 많은 사람이 유료로 올라와 있는 멋진 옷이나 신발, 액세서리를 사서 치장을 해. 머리를 마음껏 여러 색깔로 염색해 보기도 하고 말이야. 현실 세계에서는 입기 쑥스러운 옷도 입고, 눈치 보여서 못하는 염색도 해 보는 거지. '부캐'라고 하잖아. 현실 세계에서 나는 학생이고, 선생이고, 회사원이지만, 나의 부캐는 가수고, 영화배우고, 사업가일 수도 있지. 나

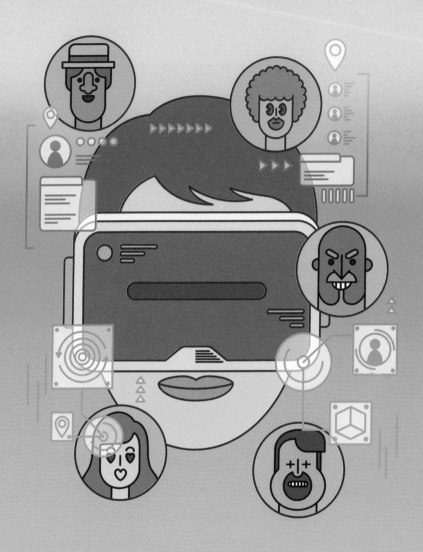

의 부캐가 외모만 다른 게 아니라 성격도 제각각일 수 있어.
수줍은 성격도 적극적으로 바꾸고, 목소리도 매력적으로 바

꿀 수 있지. 현실에 갇히지 않고 또 하나의 나를 창조해 내는 데 최적화되어 있다고 할까!

그렇다고 메타버스 공간에 나만 혼자 달랑 있으면 할 것도 없고, 내가 존재하는 의미도 없겠지. 그래서 나와 메타버스에서 함께할 사람이 있어야 해. 당연히 사람들만 있다고 되는 건 아니지. 거기서 어떤 활동과 체험을 하는지가 메타버스의 관건이라고 봐. 그리고 그런 체험이 결국 우리 인간이 가지고 있는 제한을 풀어 주는 거지. 그런 의미에서 결국 메타버스는 인간의 확장이라고 말할 수 있어.

모두가 창작자인 새로운 경제 사회

로블록스나 제페토에 들어가면 현실 세계를 재현해 놓은 공간에서 나의 아바타가 걷고 뛰곤 하지. 현실의 학교처럼 운동장을 지나 건물로 들어가서 복도를 지나 교실로 들어가기도 하고, 체육 시간엔 체육관에 가서 운동하고 점심시간엔 식당에도 가면서 마음껏 학교생활을 하는 거야. 학교에서 놀다가 백화점에 가서 옷이나 신발을 구경하며 마음에 드는 걸 사기도 하고, 좀 지겨워지면 편의점에 가서 먹을 걸 사 먹으며 친구랑 잠시 앉아서 쉬기도 할 거야.

사실 아바타에게 옷을 사서 입히는 건 새로운 일은 아니지. 게임을 자주 하는 친구들은 이미 게임 캐릭터가 입을 옷이나 아이템을 사는 데 돈을 써 왔어. 메타버스가 게임과 차이가 있다면, '누가 아이템을 판매하는가'야. 게임을 하면서 사는 아이템은 게임 회사가 만들어서 판매하는 거야. 하지만 메타버스에서는 이용자가 판매자가 되기도 해. 옷, 신발, 액세서리를 직접 만들어서 판매하는 거지.

로블록스 스튜디오에 들어가면 이용자가 직접 게임도 만들 수 있어. 컴퓨터 언어로 프로그래밍을 할 줄 몰라도 단계마다 손쉽게 만들 수 있지. 내가 만든 게임을 다른 사람이 플레이한다는 건 정말 멋진 일이잖아! 과거에는 무언가를 만들어 내는 일이 엄청나게 어려운 일이었지만, 지금은 멋진 아이디어만 있으면 얼마든지 눈에 보이는 결과물로 만들어 낼 수 있어. 메타버스에서는 대기업이 만드는 물건을 구매만 해 오던 사람도 얼마든지 기업의 사장님이 될 수 있지. 현실 세계보다 더 많은 사람이 생산과 소비에 참여하는 또 하나의 거대한 경제가 열리는 거야.

거대한 경제가 만들어질 것을 미리 예상한 현실 세계의 기업들은 새로운 시장에 발을 담그기 위해 바쁘게 움직이고 있어. 메타나 마이크로소프트 같은 거대한 IT기업들이 메타버스에 어마어마한 자본과 인력을 투자하는 걸 보면 알 수 있지. 국내에서도 네이버의 자회사인 스노우(SNOW)가 출시한 제페토가 젊은 층을 중심으로 메타버스로 사람들을 끌어들이고 있어. 그 밖에도 통신사, 게임사 등 주요 기업들도 줄줄이 메타버스에 뛰어들겠다고 선언한 상태야.

직접적으로 메타버스를 지배하기 위해 경쟁하는 회사도 있지만 자사의 상품을 홍보하고 판매하기 위해 메타버스 속으로 들어오는 회사도 있어. 그 예로, 젊은 층이 자주 찾는 편의점 업계가 가장 적극적으로 뛰어들었지. 메타버스 속에 오프라인 점포와 동일하게 인테리어를 꾸미고 아르바이트생까지 구현해서 말이야. 국내 한 편의점은 메타버스로 매장을 만든 지 3주 만에 1천만 명 이상이 방문했고, 2천만 개의 상품이 팔렸다고 발표했어.

메타버스가 전 세계 10대 청소년들의 대세 플랫폼으로 자리매김한 상황에서 메타버스와 상품의 연동은 미래 고객을 유입시키는 최고의 전략인 거지. 이렇게 다양한 기업들이 메타버스를 통해 채용, 교육, 업무를 하고, 상품 판매 수단으로도 활용하기 시작하면서 메타버스 경제가 더 커지고 있단다. 처음에는 아이들의 놀이터 정도로 여겨졌던 메타버스에 영향력 있는 기업들이 참여하면서, 그야말로 또 하나의 세상이 열리고 있는 거지.

메타버스, 언제 현실이 될까?

언제쯤이면 대부분의 사람이 메타버스에서 의미 있는 경험을 하며 살아가게 될까? 인공지능이 인간지능을 앞서게 되는 '특이점'(Singularity) ˙이 언제 오냐는 질문과도 같지. 아주 먼 미래에나 가능할 것처럼 보이지만, 실제로 메타버스에 활용할 수 있는 다양한 기술이 속속 등장하고 있어.

최근에 나온 기기는 햅틱 반응이라고 부르는 진동을 통해 이용자에게 신호를 제공해. 촉감을 그대로 재현하기 위해 가상의 물건을 만지면 느낄 수 있는 햅틱 장갑도 개발 중인데, 그럼 메타버스에서 만난 누군가와 악수할 때도 현실 세계에서 악수한 것처럼 느끼게 되는 거지.

....

● 인공지능(AI)이 비약적으로 발전해 인간의 지능을 뛰어넘는 기점을 말해. 미국 컴퓨터 과학자이자 알파고를 개발한 구글의 기술 부문 이사인 레이먼드 커즈와일은 2005년에 쓴 《특이점이 온다》에서 2045년이면 인공지능이 모든 인간의 지능을 합친 것보다 강력할 것으로 예측하면서 우려를 나타냈어.

메타버스에서 무언가를 입력하기 위해서는 아직도 컨트롤러의 버튼을 눌러야 하지만 이런 부분도 빠르게 새로운 기술이 개발되고 있어. 뇌가 근육에 보내는 신호를 감지해서 손동작을 읽어 내는 팔찌도 나왔지. 팔찌에 있는 센서가 척추에서 손으로 이동하는 전기 신호를 감지하는데, 이런 기술로 가상현실에서 키보드 없이 손가락만 움직이면 입력이 되게 만드는 거야. 이 기술이 실현되면 들고 다니기 번거로운 커다란 컨트롤러 대신에 간편한 팔찌만 차고도 가상현실을 이용할 수 있게 될 거야.

뇌에 칩을 이식하려는 기술을 개발하고 있는 사람도 있단다. 얼마 전엔 원숭이의 머리에 칩을 이식해서 원숭이가 생각만으로 간단한 게임을 하는 영상을 공개하기도 했었어. 이 기술이 더욱 발전하면 미래에는 인간도 생각만으로 메타버스에서 이동하고, 게임도 하고, 대화도 할 수 있는 시기가 올지도 모르지. 이런 작은 혁신이 쌓이면 어느 날 갑자기 영화 속에서 봤던 메타버스가 현실이 될 수 있어.

특이점이 온다면 그건 현실과 디지털 세계의 경계가 그 어느 때보다 흐려지는 순간이 될 거야. 그때는 모든 사람이 인터넷을 쓰는 것처럼, 메타버스가 그 역할을 하게 되는 때인 거겠지. 이전에는 게임처럼 디지털 세계에서 따로 놀고 현실 세계에서 따로 놀았는데, 그 접점이 넓어지고 깊어지는 게 메타버스가 현재 향해 가고 있는 길이야. 점점 더 메타버스에 접근하는 사람들이 늘어나고, 그 공간에서 놀고, 물건을 팔아 돈을 버는 사람들이 생겨나고 있어. 이미 학교에서는 메타버스로 강의하고, 입학식과 졸업식도 해. 기업에서는 메타버스로 사업 설명회를 열거나 신입 사원을 채용하고, 비대면 회의도 하고 있지.

방송사들은 2022년 대통령 선거 개표 방송을 현실 세계와 메타버스에서 동시에 진행했어. 기자들이 메타버스 공간에서 생방송으로 정보를 전해 주고, 3D로 전직 대통령들을 되살려서 스튜디오에 초대하기도 했지. 새로운 후임 대통령에게 당부하는 모습도 만들어 냈고 말이야. 젊은 세대들을 개표 방송 시청에 적극적으로 유인하기 위한 새로운 방식이었던 거지. 삼촌도 들어가서 정보도 얻고 다른 사람들이 하는 이야기를 들었는데, 시청자들의 반응이 좋았어.

이처럼 메타버스에서 실제 현실처럼 정치, 사회, 문화, 경제 활동이 시작된 거야. 사람들과 적극적으로 소통하면서 확장된 세계를 체험하는 세상이 열린 거지. 그런 의미에서 메타버스라는 새로운 변화는 이미 시작되었고, 그 변화는 우리가 거스를 수 없는 물결이라고 생각해.

메타버스에서 가장 적극적으로 시간을 보내는 게 10대들이야. 실제의 나보다 더 예쁘고 귀여운 아바타로 나를 꾸미고, 현실의 구속을 벗어나 자유롭게 상상하는 세상이 매력적인 거지.

특히, 이용자가 직접 아바타의 옷이나 액세서리, 3D 배경, 게임까지 쉽게 만들 수 있는 기능이 있어서 새로움에 도전하는 청소년들이 더 적극적으로 참여하는 거야. 청소년들은 메타버스에서 그냥 뛰어다니고 놀기만 하는 것이 아니라, 퀘스트를 수행하고, 펫을 키우고, 옷을 만들고, 거기서 타고 다닐 자동차나 비행기도 만들어서 팔아. 테마파크나 기념관을 만들어서 입장료를 받기도 하고.

메타버스에서 패션 아이템을 팔아서 한 달에 몇백만 원을 벌고 있다는 건 이젠 놀라운 뉴스가 아니야. 유튜브 콘텐츠로 수익을 올리는 유튜버들이 인플루언서가 되었던 것처럼, 앞으로는 메타버스에서 영향력을 미치는 메타버서의 시대가 열릴지도 몰라. 유튜브 인플루언서와 차이가 있다면, 메타버스 인플루언서가 더 젊고 영향력이 커질 거라고 봐.

어린이와 청소년들은 현실 세계에서는 돈이나 권력이 없는 약한 존재들이야. 하지만 메타버스에서는 상상력과 창의력만 있다면 얼마든지 경제 활동을 하고, 영향력도 행사할 수도 있어. 현실 세계에서 오래 생활해 온 기성세대에게는 현실과 가상이 합쳐지는 메타버스가 어색하겠지만, 태어날 때부터 디지털 기기에 둘러싸여서 자란 10대 청소년들에게는 오히려 신나고 익숙한 세상인 거지. 아바타의 머리 모양, 표정, 몸짓에서 무엇을 표현하려는지 읽어 내는 능력도 감각이 예민한 청소년들에게 더 유리할 테고 말이야.

세상을 보는 시각도 남다르지. 어른들에게 해외여행이란 비행기를 타고 멀리 떠나는 것이고, 만나 본 외국인도 몇 개 나라의 몇 명의 사람인 경우가 대부분이지. 루브르 박물관이나 스핑크스도 현지에 가야만 볼 수 있다고 생각하고, 그리스·로마 신화는 책으로 읽는 거라고 생각하고 말이야.

하지만 청소년들은 달라. 인터넷과 디지털 기기에 익숙한 덕분에 외국에 대한 정보도 많고, 외국 친구와의 만남도 어려워하지 않아. 로블록스나 제페토에서는 국적이 서로 다른 아이들이 모여서 금방 친구가 되잖아. 서로 다른 언어로 말해도 어울리는 데 전혀 문제가 안 돼. 아이들은 언어 실력이 뛰어나지 않아도 서로 공감할 수 있어. 몸짓으로, 행동으로 서로

이해할 수 있고, 인공지능 기술이 더해지면 자기 나라의 언어로 번역도 바로바로 되겠지. 그러면 현재 내가 어디 있든지 상관없이 메타버스에서는 국경을 초월해 친구가 되는 거야. 앞으로는 메타버스의 주인공인 어린이와 청소년들이 이 공간을 선하고 따뜻하고 창의적으로 만들면서 당당한 주인으로 이끌어 갈 거야.

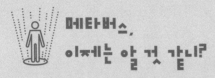

메타버스, 이제는 알 것 같니?

정보통신 기술은 사람과 사람이 물리적인 한계를 넘어서 서로 소통할 수 있는 기술을 발전시켜 왔어. 전화가 발명되고, 무선통신을 통한 라디오가 등장하고, 영상을 볼 수 있는 텔레비전이 나왔지. 인터넷이 등장하고, 휴대전화가 등장하고, 웹이 등장한 이후에 지금 우리가 사용하는 스마트폰이 나왔어.

새로운 기술은 우리가 서로 떨어져 있어도 전달하고자 하는 의미를 더욱 풍부하게 전하고 동시적인 소통이 가능하게 만들어 주었어. 목소리로만 듣던 방식에서 얼굴도 볼 수 있을 뿐만 아니라, 단둘이나 서너 사람이 이야기하던 방식에서 수백 명이 한 번에 소통할 수 있는 기술도 자연스러워지게 만들었지.

인간은 원래 다른 사람과 소통하는 것을 좋아하는 방향으로 진화해 왔단다. 현재는 메타버스로 인해 수백만 명이 동시에 모여서 서로 실시간으로 상호 작용할 수 있는 공간을 만들 수 있어. 물리적으로 떨어져 있어도 생생한 입체 화면을 통해 마치 눈앞에서 보는 것처럼 대화할 수도 있고 말이야.

물론 아직 메타버스 기술이 완벽한 모습은 아니지만, 가능성은 무궁무진해. 다양한 정보가 통합되어 일상의 소소한 일을 처리하는 데 편리함을 주게 될 거야. 현실 세계에서 해 왔던 다양한 실험과 창작을 할 수도 있게 될 거고. 그래서 학교도, 기업도, 정부도 메타버스를 주목하는 거지.

　　메타버스 생태계가 잘 구축되기 위해서는 메타버스에 관심을 가지는 개별 기업의 노력뿐만 아니라 생태계를 어떤 방식으로 조성할지에 대한 정부의 고민도 필요할 거야. 정부는 일부 기업이 모든 것을 차지하는 것(독점)을 방지하기 위해 노력해야 하고, 메타버스 창작자를 키우기 위해서도 노력하고, 고도의 기술 환경을 조성하기 위한 투자도 적극적으로 해야 해. 물론 건강한 생태계가 만들어지기 위해서는 누구 하나만 노력해서 되는 건 아니야. 다양한 차원에서 정부의 노력도 필요하고, 기업의 꾸준한 혁신과 기술 발전, 그리고 서로 함께 성장하겠다는 의지도 중요할 거야.

　　무엇보다 중요한 것은, 미래를 결정하는 데 가장 큰 영향을 미치는 이용자 개개인의 의지야. 메타버스는 이때까지 경험하지 못했던 영역으로, 우리의 경험을 확장하면서 정치, 경제, 사회, 문화, 교육 모든 분야에서 새로운 세상을 열어 줄 거야. 이런 상황에서 메타버스가 어떤 모습으로 어떻게 성장

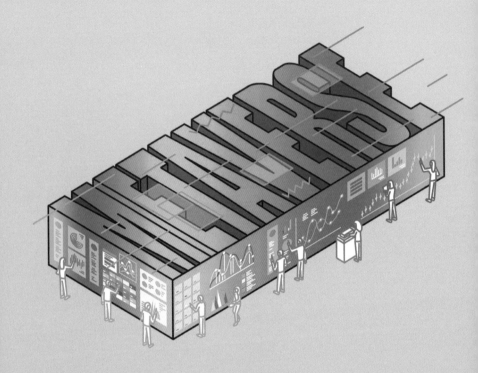

할지는 결국 이용자에게 달려 있어.

과학 기술의 발전 덕분에 인류가 편리한 삶을 영위하지만, 한편으로는 부작용도 생겨날 거야. 자동차가 이동 시간을 줄여 주었지만 대기 오염이 심해졌고, 도로를 만들면서 자연을 파괴하기도 하잖아. 에어컨과 냉장고 덕분에 여름에 시원하게 지낼 수 있지만 지구가 더워지고 있고, 스마트폰 덕분에

못 하는 일이 없을 만큼 편리해졌지만 한편으로는 타인과의 진정한 소통이 멀어지기도 했지. 메타버스도 우리의 세계를 확장해 주는 동시에 또 다른 새로운 문제를 일으킬 수 있어. 그래서 메타버스로 얻게 되는 것들을 잘 활용하고 즐기는 것 못지않게 어떤 부작용이 있을지 함께 고민하고, 또한 해결책을 찾아가야 해.

미래가 어떤 모습으로 올지는 모르지만, 우리가 지금까지 살펴본 내용이 메타버스가 열어 줄 세상에 대한 힌트가 될 수 있을 거야. 미래는 예측하는 것이 아니라 만들어 가는 거니까. 어때? 이제는 본격적으로 메타버스에 올라타 새로운 세상을 만들어 볼 준비가 되었니?

과학
좀 아는
십 대
14

초판 1쇄 발행 2022년 9월 23일
초판 3쇄 발행 2023년 11월 30일

지은이 송해엽·정재민
그린이 방상호
펴낸이 홍석
이사 홍성우
인문편집부장 박월
편집 박주혜·조준태
디자인 방상호
마케팅 이송희·한유리·이민재
관리 최우리·정원경·홍보람·조영행·김지혜

펴낸곳 도서출판 풀빛
등록 1979년 3월 6일 제2021-000055호
주소 07547 서울특별시 강서구 양천로 583 우림블루나인비즈니스센터 A동 21층 2110호
전화 02-363-5995(영업), 02-364-0844(편집)
팩스 070-4275-0445
홈페이지 www.pulbit.co.kr
전자우편 inmun@pulbit.co.kr

ISBN 979-11-6172-848-3 44560
      979-11-6172-727-1 44080 (세트)

이 책은 해동과학문화재단의 지원을 받아 NAEK 한국공학한림원과 도서출판 풀빛이 발간합니다.